高等院校系列教材

基于 R 语言的试验统计学实验

主　编：冯发强　张姿丽　朱嘉磊　杨泉女

副主编：布素红　石碧海　宋瑞凤　向前胜

　　　　张静懿　张群洁

中国环境出版集团·北京

图书在版编目（CIP）数据

基于R语言的试验统计学实验 / 冯发强等主编.
北京 : 中国环境出版集团，2025. 4. -- （高等院校系列
教材）. -- ISBN 978-7-5111-6130-7

Ⅰ. S3-33

中国国家版本馆CIP数据核字第2025J6002G号

责任编辑　宾银平
封面设计　彭　杉

出版发行　**中国环境出版集团**
　　　　　（100062　北京市东城区广渠门内大街 16 号）
　　　　　网　　　址：http://www.cesp.com.cn
　　　　　电子邮箱：bjgl@cesp.com.cn
　　　　　联系电话：010-67112765（编辑管理部）
　　　　　　　　　　010-67113412（第二分社）
　　　　　发行热线：010-67125803，010-67113405（传真）
印　　刷　玖龙（天津）印刷有限公司
经　　销　各地新华书店
版　　次　2025 年 4 月第 1 版
印　　次　2025 年 4 月第 1 次印刷
开　　本　787×1092　1/16
印　　张　9.5
字　　数　240 千字
定　　价　45.00 元

中国环境出版集团郑重承诺：
中国环境出版集团合作的印刷单位、材料单位均具有中国环境标志产品认证。

前　言

　　在当今信息化时代，数据信息爆炸并被广泛应用于各行业，数据管理和数据分析成为各领域发展的重要支柱。而 R 语言作为一门强大的数据分析工具，凭借其开源性、灵活性和丰富的数据处理包，在统计学和数据科学领域备受青睐。学习 R 语言不仅可以提高学生对现代统计分析方法的理解，还可以使他们熟练地处理大规模数据集，从而增强其自身的竞争力。

　　试验统计学在培养学生的数据分析能力和科学素养方面具有不可或缺的作用。本团队长期投身于试验统计学的理论与实验课程教学工作，于实践中积累了极为丰富的教学心得。在此过程中，广泛地运用 R 语言开展教学活动，从中受到了诸多深刻的启发。尽管部分学生和科研人员可能掌握了统计学原理和基本计算步骤，但对 R 语言软件的应用仍感陌生，导致在数据处理分析过程中因庞大的计算量而局限于使用基础试验设计方法，且对数据信息的分析处理十分有限，无法提高工作效率，甚至浪费了大量数据。同时，部分具备计算机理论和操作天赋的学生和科研人员，由于未扎实掌握统计学知识，也难以灵活、合理地运用 R 语言进行统计分析。为适应生命科学、农业科学、管理学等领域的发展，有必要将统计学与 R 语言应用完美结合。这要求学生和科研人员不仅要了解统计分析方法的原理和主要计算步骤，还需掌握 R 语言的功能和分析结果判读技巧，学会编写简单程序以及各种包的应用技巧。在学习和应用上，应该让传统数学计算方法与 R 语言数据统计分析方法相辅相成，优势互补，使统计学与 R 语言成为科研工作中的重要工具。借助学习统计学来熟练掌握数学原理，在应用 R 语言时避免记忆公式含义、推导和证明过程，同时增强计算结果的准确性，显著提升计算速度，完成复杂的计算任务。掌握 R 语言应用技能，可以促进试验设计方法的发展，提高试验设计水平，进而增进科研工作效率与学术水平。

本教材的编写围绕 R 语言在统计学的应用展开，旨在帮助学生将统计学理论与实际数据分析技能相结合。R 语言提供了丰富的统计函数库和可视化工具，能够帮助学生在进行统计实验时更加高效地进行数据清洗、探索性数据分析和统计推断。通过学习 R 语言，学生将能够更直观地理解统计学原理，并将其熟练应用于各种实验数据的分析中。

本书共包含 13 章，涵盖了 R 语言简介、R 语言的基础绘图、描述性统计、t 检验、卡方检验、单因素试验的方差分析、双因素试验的统计分析、三因素试验的统计分析、正交设计试验的统计分析、回归分析、逐步回归与相关性分析、聚类分析与判别分析、主成分分析和因子分析等一系列试验统计学知识。这些内容贯穿始终且基本与理论教学内容一致，旨在为读者提供全面、系统的试验统计学训练与 R 语言应用指导。

本书在 7 年内部讲义的基础上，不断修改完善而成，教材得到了"华南农业大学广东省良种引进服务公司大学生社会实践教学基地"项目、"广东省农科院水稻研究所-华南农业大学广东省联合培养研究生示范基地"项目、韶关学院博士科研启动经费项目（432/9900064608）的资助；同时，得益于华南农业大学农学院副院长王少奎教授、刘桂富副教授，仲恺农业工程学院徐彪教授，韶关学院马崇坚教授和佛山大学王蕴波教授的关心与指导，也得益于中国环境出版集团的支持与帮助，在此向他们谨致谢忱！

由于编写时间仓促、笔者水平所限，书中难免有误，敬请各界同行和读者批评指正。

编者

2024 年 9 月

目　录

代码及数据

第 1 章　R 语言简介

  R 语言是一种广泛应用于数据分析和统计计算的编程语言和软件环境。它具有丰富的数据处理和图形化能力，被许多数据科学家、统计学家和研究人员用来进行数据处理、可视化、模型拟合等工作。R 语言最早起源于 S 语言，而 S 语言于 20 世纪 70 年代诞生于贝尔实验室，由 Rick Becker、John Chambers 和 Allan Wilks 开发。随后基于 S 语言开发了商业软件 Splus。1995 年，新西兰奥克兰大学统计系的 Robert Gentleman 和 Ross Ihaka 编写了一种能执行 S 语言的软件，并将该软件的源代码全部公开，其命令统称为 R 语言，并于 1995 年首次发布。之后，R 语言得到了不断的发展和完善，目前已经成为数据科学领域广泛使用的工具之一。

1.1　R 语言主要窗口

1.1.1　R 语言和 RStudio 的下载与安装

  您可以从 R 官方网站（https：//www.r-project.org/）上获取 R 语言的安装程序。根据您的操作系统，选择适当的下载选项。按照安装向导中的提示进行操作。安装完成后，即可开始使用 R 语言。

  前往 RStudio 官方网站（https：//posit.co/）下载适合您操作系统的 RStudio 安装程序。双击下载的安装程序，按照向导步骤完成 RStudio 的安装。RStudio 是 R 语言的高效开发工具，通过整合 R 语言的强大环境，提供丰富的功能和用户友好的界面，大幅提升了 R 语言的使用效率。RStudio 作为 R 语言的开发工具，提供了更直观、高效的开发环境，弥补了 R 语言自带环境操作不便的缺点。二者相辅相成，共同为数据分析等提供强大支持。

1.1.2　RStudio 主要窗口介绍

  一旦成功安装并启动 RStudio，可以看到以下主要窗口部分（图 1-1）：

（1）Editor（脚本编辑区）

这是编写和编辑 R 语言代码的主要区域。

（2）Console（控制台）

可以在控制台中输入 R 语言代码，并立即执行。此处显示代码运行结果。

（3）Environment/History（环境/历史记录）区

显示已定义的变量和数据集，以及运行代码的历史记录。

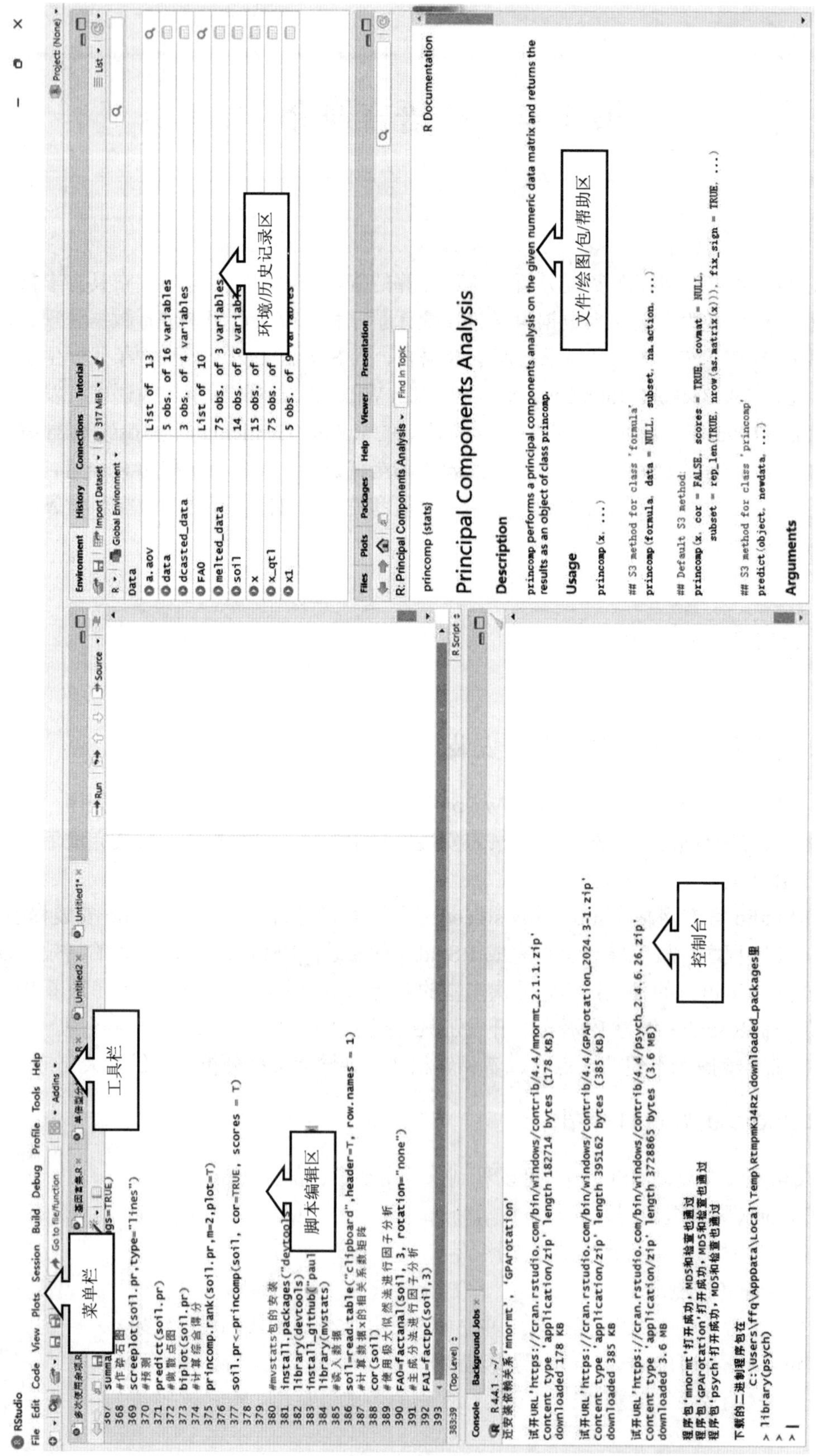

图 1-1 RStudio 主要窗口

（4）Files/Plots/Packages/Help（文件/绘图/包/帮助）区

提供对工作目录、绘图输出、已加载的包以及 R 语言帮助文档的访问。

（5）Viewer（查看器）

用于数据框、可视化、报告等内容的查看。

1.2　R 语言编程基础

1.2.1　包

R 语言的扩展功能通常通过包来实现，一个 R 语言包可以包含函数、数据集和文档等。计算机上存储包的目录称为库（library）。函数 libPaths() 能够显示库所在的位置，函数 library() 则可以显示库中有哪些包。

R 语言自带了一系列默认包（包括 base、datasets、utils、grDevices、graphics、stats 以及 methods），它们提供了种类繁多的默认函数和数据集。其他包可通过下载来进行安装，安装好以后，它们必须被载入会话中才能使用。命令 search() 可以告诉您哪些包已加载并可使用。

可以从 CRAN 上安装 R 语言包，使用 library() 函数加载已安装的 R 语言包。例如，ggplot2 包的安装与载入程序如下：

```
#安装 ggplot2 包
install.packages("ggplot2")
#载入 ggplot2 包
library(ggplot2)
```

1.2.2　R 语言的帮助

学习一门编程语言离不开语句、函数和编程的语法和语义，R 语言中的程序包包含大量的用于统计分析的函数，它们的含义和使用方法对于熟练使用 R 语言进行数据分析是至关重要的。在 R 语言中，有多种方法可以获取帮助和文档，以下是其中几种方法：

help() 函数：可以通过 help() 函数来调用帮助文档。

help.start() 函数：可启动一个本地 HTML 浏览器，显示相关帮助文档。

？函数名：可以使用问号（？）来获取某个函数或包的帮助信息。

apropos() 函数：可以搜索包、函数名中匹配所给字符的帮助页。

菜单求助：在 RStudio 等界面化开发环境中，通过菜单可直接访问相关帮助文档。下面举一个例子，说明如何使用其中的方法获得帮助文件的基本内容与构成：

示例：

我们以 mean() 函数为例子，来查看其帮助文件。

```
help(mean)
```

返回内容见图 1-2。

mean {base}

Arithmetic Mean

Description

Generic function for the (trimmed) arithmetic mean.

Usage

```
mean(x, ...)

## Default S3 method:
mean(x, trim = 0, na.rm = FALSE, ...)
```

Arguments

x   an **R** object. Currently there are methods for numeric/logical vectors and date, date-time and time interval objects. Complex vectors are allowed for `trim = 0`, only.

trim   the fraction (0 to 0.5) of observations to be trimmed from each end of x before the mean is computed. Values of trim outside that range are taken as the nearest endpoint.

na.rm   a logical evaluating to TRUE or FALSE indicating whether NA values should be stripped before the computation proceeds.

...   further arguments passed to or from other methods.

Value

If `trim` is zero (the default), the arithmetic mean of the values in x is computed, as a numeric or complex vector of length one. If x is not logical (coerced to numeric), numeric (including integer) or complex, NA_real_ is returned, with a warning.

If `trim` is non-zero, a symmetrically trimmed mean is computed with a fraction of `trim` observations deleted from each end before the mean is computed.

References

Becker, R. A., Chambers, J. M. and Wilks, A. R. (1988) *The New S Language.* Wadsworth & Brooks/Cole.

See Also

weighted.mean, mean.POSIXct, colMeans for row and column means.

Examples

Run examples

图 1-2 函数 help(mean)的返回文件

通过上述方法查询 mean()函数的帮助文件，会看到帮助文件包含以下几部分内容：

功能描述：对函数的作用进行简要介绍。

用法（Usage）：列出如何调用该函数以及可能的参数选项。

参数（Arguments）：详细解释函数各个参数的含义和用法。

详情（Value）：深入介绍函数的背景知识和内部操作。

参考（References）：提供与函数相关的其他资料或链接。

另见（See Also）：列出与当前函数相关的其他函数或主题。

示例（Examples）：展示函数的使用示例，以便用户更好地理解函数的运行方式。

这样的结构可以帮助用户了解函数的用途，正确调用它并充分利用其功能。

1.2.3　R 语言的数据结构

R 语言中常见的数据结构有向量、矩阵、数组、数据框、列表（图 1-3）和因子。

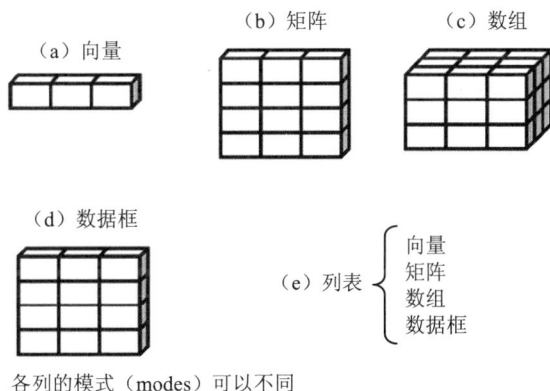

图 1-3　R 语言的数据结构

向量（Vector）：向量是 R 语言中最基本的数据结构之一，由相同类型的元素组成，可以是数值型、字符型、逻辑型等。

矩阵（Matrix）：矩阵是二维的数据结构，由相同类型的元素组成。其类似于向量，但是具有行和列的概念。

数组（Array）：数组是多维的数据结构，由相同类型的元素组成。其类似于矩阵，但可以有多于两维的形式。

数据框（Data Frame）：数据框是一种二维的、表格形式的数据结构，用来存储数据集。数据框中的每一列可以是不同类型的变量，类似于 Excel 表格或数据库表。

列表（List）：列表是一种可以包含不同类型元素的数据结构。每个元素可以是任何对象，包括数值、字符、向量、数组、数据框等。

因子（Factor）：因子是一种用来表示分类数据的数据结构，因子在统计建模中很常用。

向量的创建方法：使用 c()函数将值直接组合成为一个向量，或者使用 seq()、rep()等函数生成序列或重复性向量。

```
#创建向量示例
vec <- c(1, 2, 3, 4, 5)
```

```
sequence_vec <- seq(1, 10, by = 2)
```

矩阵的创建方法：使用 matrix()函数。可以指定数据、行数、列数和是否按列填充。

```
#创建矩阵示例
mat <- matrix(c(1, 2, 3, 4, 5, 6), nrow = 2, ncol = 3)
```

数组的创建方法：使用 array()函数，指定数据、维度和维度名。

```
#创建数组示例
arr <- array(1:12, dim = c(2, 3, 2))
```

数据框的创建方法：通常使用 data.frame()函数来创建，可以指定每列的数据及列名。

```
#创建数据框示例
df <- data.frame(
    name = c("Alice", "Bob", "Charlie"),
    age = c(25, 30, 35),
    married = c(TRUE, FALSE, TRUE)
)
```

列表的创建方法：使用 list()函数，可以将不同类型的数据、变量、向量等组合到列表中。

```
# 创建列表示例
lst <- list(
    name = "John",
    age = 40,
    scores = c(85, 90, 75),
    is_married = TRUE
)
```

1.2.4 数据的导入

在 R 语言中，有多种常见的数据导入方法可以使用。直接在脚本录入是初学者的方法，常用的是多种外部数据的读取方法，下面列出几种常见的方法。

使用 read.table()函数：这个函数可用于从文本文件中读取数据，例如 CSV 文件。使用时需要指定文件路径，并选择适当的参数来处理数据分隔符、列名等。

```
my_data <- read.table("my_data.csv", header = TRUE, sep = ",", stringsAsFactors = FALSE)
```

使用 read.table()函数读取剪贴板数据：

```
my_data<-read.table(file = "clipboard", header = TRUE, sep = ",", stringsAsFactors = FALSE)  #先对要读取的数据进行复制或剪切，再运行程序进行数据的导入。
```

使用 read.csv()函数：与 read.table()类似，但专门用于读取 CSV 文件，同时默认情况下会将字符串列转换为因子变量。

```
my_data <- read.csv("my_data.csv")
```

用 readxl 包中的 read_excel()函数：当需要处理 Excel 文件时，readxl 包提供了一个方便的函数来读取数据。

```
library (readxl)
my_data<- read_excel("my_data.xlsx")
```

1.3　R 语言常用函数

1.3.1　基本的数据管理

多数需要处理的数据面临着以某种形式存在的各种问题，需要对分析前的数据进行准备工作，R 语言中有许多数据的管理函数。常见的数据管理函数如下：

（1）数据类型的转换

as.character()：将数据转换为字符型。

as.numeric()：将数据转换为数值型。

as.factor()：将数据转换为因子型。

as.Date()：将数据转换为日期型。

（2）排序

order()：返回排序后的索引序列。

sort()：对向量或矩阵进行排序。

（3）数据集取子集

通过位置索引：使用[]来选择特定行、列。

通过条件筛选：使用逻辑条件来筛选符合条件的行。

（4）数据框的取子集

通过列名取子集：dataframe$column_name 选择数据框中的某一列。

通过行和列的组合索引：dataframe[row_index, column_index]选择指定行和列的数据。

使用条件筛选：subset()函数可以基于条件从数据框中提取子集。

（5）逻辑运算符

逻辑运算符详见表 1-1。

表 1-1　逻辑运算符

运算符	描述
<	小于
<=	小于或等于
>	大于
>=	大于或等于
==	严格等于
!=	不等于
!x	非 x
x | y	x 或 y
x & y	x 和 y
isTRUE(x)	测试 x 是否为 TRUE

1.3.2　常见的统计函数

在 R 语言中，有许多常见的简单统计函数可用来对数据进行基本的分析和总结。以下是一些常见的简单统计函数及其功能简介：

mean()：用于计算向量或数据框中数值变量的平均值。

median()：用于计算向量或数据框中数值变量的中位数。

sum()：可以计算向量或数据框中数值变量的总和。

sd()：用于计算向量或数据框中数值变量的标准差。

var()：用于计算向量或数据框中数值变量的方差。

min()：可以找到向量或数据框中数值变量的最小值。

max()：可以找到向量或数据框中数值变量的最大值。

quantile()：用于计算向量或数据框中数值变量的分位数，如四分位数。

mad()：可以计算向量或数据框中数值变量的绝对中位差平均值，用来描述数据的分散程度。

range()：可以计算向量或数据框中数值变量的范围，即最大值和最小值之间的差异。

scale()：可以对向量或数据框中的数值变量进行标准化处理，将数据按照均值为 0、标准差为 1 进行缩放。

以上这些简单统计函数可以帮助您快速了解数据的基本特征，并为进一步的分析和探索提供基础。

1.3.3　简单的绘图函数

在 R 语言中，有多种简单绘图函数可以用来可视化数据。以下是一些常见的简单绘图函数：

plot()：该函数用于创建散点图或者线图，可以通过指定 x 轴和 y 轴为数据向量来绘制数据点。

hist()：该函数用于创建直方图，显示数据的分布情况。

barplot()：该函数用于创建条形图，适合比较不同类别之间的数据。

boxplot()：该函数用于创建箱线图，展示数据的分布和离群值。

pie()：该函数可以创建饼图，展示数据的占比情况。

这些函数只是 R 语言中可用绘图函数的一小部分，还有许多其他高级绘图包，如 ggplot2、lattice 可以用来创建更加复杂和美观的图表。以上这些函数均可以使用"help(函数名)"或"?函数名"进行用法查询，帮助用户学习这些函数的用法。

1.3.4　练习题

（1）用函数 rep()构造一个向量 x，它由 3 个 3，4 个 2，5 个 1 构成。写出 R 语言的程序及结果。

（2）用三种以上方法在 R 语言中录入以下数据表格（表 1-2），写出 R 语言的程序。

表 1-2　学生数据信息表

姓名	性别	年龄	身高/cm	体重/kg
张三	女	14	156	42.0
李四	男	15	165	49.9
王五	女	16	157	41.5
赵六	男	14	162	52.0
丁一	女	15	159	45.5

第 2 章　R 语言的基础绘图

在试验统计学中，数据可视化是一项至关重要的技能。它不仅能帮助我们直观地理解数据的分布、趋势和异常值，还能为进一步的统计分析提供有力支持。本章将介绍如何使用 R 语言中的基本绘图函数来创建各种类型的统计图形，包括散点图、直方图、箱线图、条形图、饼图和折线图等。

R 语言的基础绘图系统主要由 graphics 包和 grDevices 包组成，包含两类函数：一类是高水平作图函数，用于直接产生图形，如 plot()、hist()、boxplot()、barplot()等；另一类是低水平作图函数，用于在高水平作图函数所绘图形的基础上添加新的图形或元素，如 point()、lines()、text()、title()、legend()和 axis()等。

2.1　条形图

2.1.1　函数 barplot()

条形图（barchart）通过垂直或水平的条形展示分类变量的频数或频率分布。函数 barplot()可用于绘制条形图，使用格式如下：

barplot(height, width=1, space=NULL, names.arg=NULL, horiz=FALSE, xlim=NULL, ylim=NULL, main=NULL, xlab=NULL, ylab=NULL, ...)

主要参数的含义如下：

height：一个向量，提供长条的高度值。

width：直方图每一长条的宽度。

space：直方图两相邻长条的间隔。

names.arg：一个向量，表示条形图的标签。

horiz：FALSE 表示直立式；TRUE 表示水平式。

main：绘图的抬头文字及副抬头文字。

xlab, ylab：x 轴及 y 轴的标签。

xlim, ylim：x 轴及 y 轴的数值界限。

最简单的用法是 barplot(height)。

2.1.2　例题

表 2-1 是水稻杂交 F_2 植株米粒性状的频数分布表。作条形图展示该数据的分离情况。

表 2-1　水稻杂交 F₂ 植株米粒性状频数分布

性状类别	频数	频率/%
红米非糯	96	54
红米糯稻	37	21
白米非糯	31	17
白米糯稻	15	8
合计	179	100

（1）R 语言程序

```
seed <- c("红米非糯", "红米糯稻", "白米非糯", "白米糯稻")
freq <- c(96, 37, 31, 15)
barplot(freq, names.arg = seed, main = "水稻杂交 F₂ 米粒性状分离条形图", xlab = "米粒
性状", ylab = "频数")
```

（2）运行结果（图 2-1）

水稻杂交 F₂ 米粒性状分离条形图

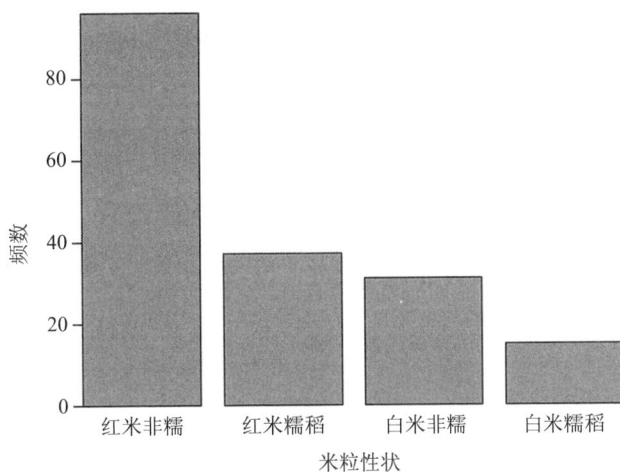

R语言的基础绘图
（条形图）

图 2-1　水稻杂交 F₂ 米粒性状分离条形图

（3）程序解释及结果说明

这段代码首先用函数 c() 建立了两个变量 seed 和 freq，分别表示米粒性状及其频数。然后用函数 barplot() 创建条形图，其中 names.arg=seed 将 seed 向量中的每个元素作为条形图的标签；main 设置图片标题；xlab 和 ylab 设置 x 轴和 y 轴标签。

2.1.3　练习题

有一水稻遗传试验，以稃尖有色非糯品种与稃尖无色糯性品种杂交，其 F₂ 的观察结果为有色非糯∶有色糯性∶无色非糯∶无色糯性=491∶76∶90∶86。作条形图展示水稻 F₂ 性状分离情况。

2.2 饼图

2.2.1 函数 pie()

饼图（pie chart）可用于展示分类数据的占比情况。函数 pie()可用于绘制饼图，使用格式是：

pie(x, labels = names(x), radius = 0.8, clockwise = FALSE, col = "red", ...)

主要参数的含义如下：

x：一个非负向量，决定饼图每一部分面积大小的比例。

labels：一个文字向量，决定饼图每一部分的名称说明。

radius：饼图的半径长度，数值在–1 与 1 之间，超过 1 时会有部分图被切割。

clockwise：逻辑值，表示将所给数值按顺时针或逆时针绘图。

col：一组向量，表示饼图每一部分的颜色。

2.2.2 例题

以表 2-1 水稻杂交 F_2 植株米粒性状的频数分布为例，作饼图展示该数据的分离情况，并展示每种性状的百分比。

（1）R 语言程序

#在已定义好 seed 和 freq 的基础上，

percent <- paste(seed, round(100*freq/sum(freq)), "%")

pie(freq, labels = percent, main = "水稻杂交 F_2 米粒性状分离饼图", col = rainbow(4))

（2）运行结果（图 2-2）

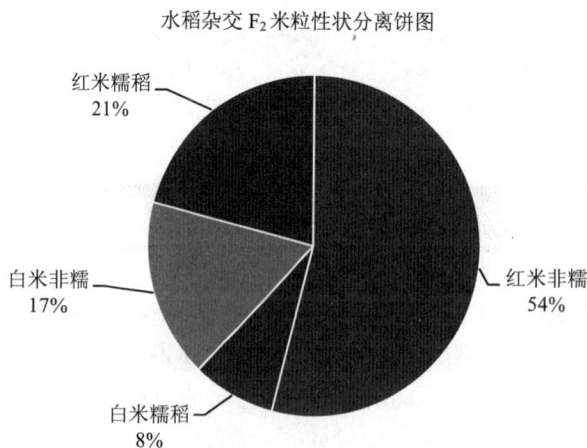

图 2-2　水稻杂交 F_2 米粒性状分离饼图

（3）程序解释及结果说明

在本程序中，第一句的目的是计算每个性状的占比百分数，并定义每个扇形的名称，使用 paste()函数完成字符串的连接。第二句 pie()函数根据 freq 的值绘制饼图，labels 定义每个扇形的标签，col 定义每个扇形的颜色，rainbow(4)生成一个包含 4 个彩虹色的向量。

2.2.3　练习题

将练习题（2.1.3）中的数据作饼图展示水稻 F_2 性状分离情况。

2.3　直方图

2.3.1　函数 hist()

直方图（histogram）是用于展示连续型变量分布的最常用的工具，它在横轴上将数据值域划分成若干个组别，然后在纵轴上显示其频数。函数 hist()可用于绘制直方图，使用格式是：

hist(x, breaks = "Sturges", freq = NULL, ...)

主要参数的含义如下：

x：定义数据向量。

breaks：定义分组，既可以是一个常数，表示分组个数，也可以是一个有序数据集，定义分组边界。

freq：定义频数/频率计算，默认 freq=TRUE，表示频数；反之，表示频率。

2.3.2　例题

表 2-2 是 100 个长沙粉皮冬瓜质量资料，作直方图展示其分布情况。

表 2-2　长沙粉皮冬瓜质量资料　　　　　　　　　　　单位：kg

13.9	10.6	12.1	13.8	18.5	12.7	10.5	8.7	15.7	16.5
12.4	16.8	7.3	15.8	10.2	17.6	8.2	13.5	9.2	13.5
6.3	16.9	15.9	5.8	10.1	19.9	6.5	14.3	9.3	11.5
12.7	16.3	15.8	13.3	12.4	17.8	9.2	13.5	16.5	15.7
13.2	11.3	5.4	16.1	8.5	8.2	7.1	9.3	7.5	8.5
10.4	11.5	11.6	10.9	12.2	6.5	17.6	16.3	18	15.5
19.2	9.5	14.3	15.3	13.2	17.6	13.5	11.5	14	6.5
8.5	12	12.4	8.7	8.2	14.5	12.4	11.3	15.5	15.6
10.2	8.5	10.5	14.5	17.5	10.5	7.5	12.4	12.7	10.6
14.3	12.7	6.2	12.3	14.3	9.5	7.6	11.6	9.5	10.5

（1）R 语言程序

```
setwd("d:/data") #设置数据存储路径
dat <- read.table("2.2.txt", header = FALSE) #读取数据
dat <- as.matrix(dat) #将数据转成数值矩阵
```

hist(dat) #绘制简单直方图（图 2-3）

breaks <- seq(min(dat)-1, max(dat)+1, 2) #以 2 为组距，设置每组分界点

hist(dat, breaks = breaks, col = "lightgrey", xlab = "质量", main = "长沙粉皮冬瓜质量分布情况") # （图 2-4）

hist(dat, freq = FALSE, breaks = breaks, col = "grey", xlab = "质量", main = "长沙粉皮冬瓜质量分布情况") # （图 2-5）

lines(density(dat), lwd=2, col="grey") #在直方图上叠加了一条黑色的、两倍于默认线条宽度的密度曲线。# （图 2-6）

（2）运行结果

运行结果详见图 2-3～图 2-6。

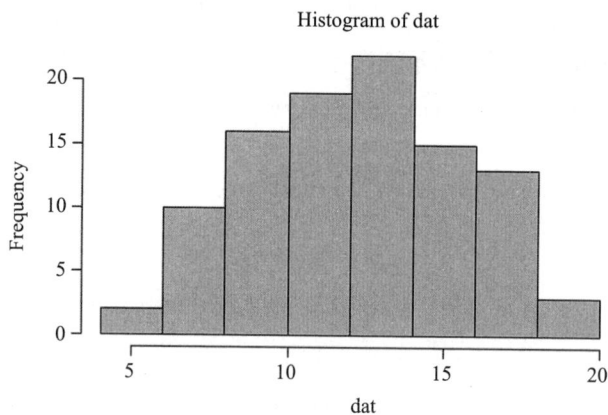

图 2-3　简单直方图

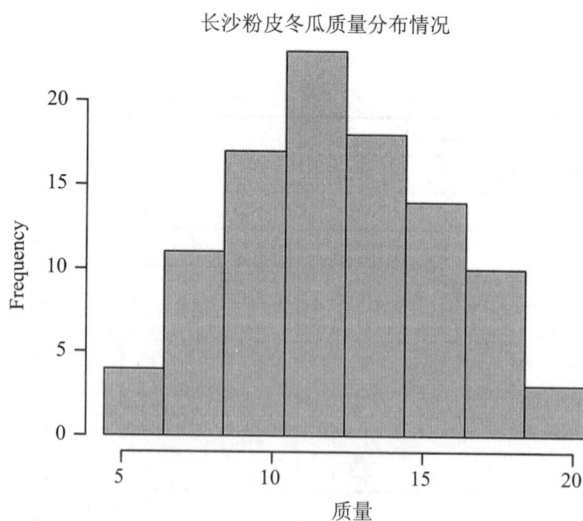

R语言的基础绘图
（直方图）

图 2-4　设置分组的直方图

长沙粉皮冬瓜质量分布情况

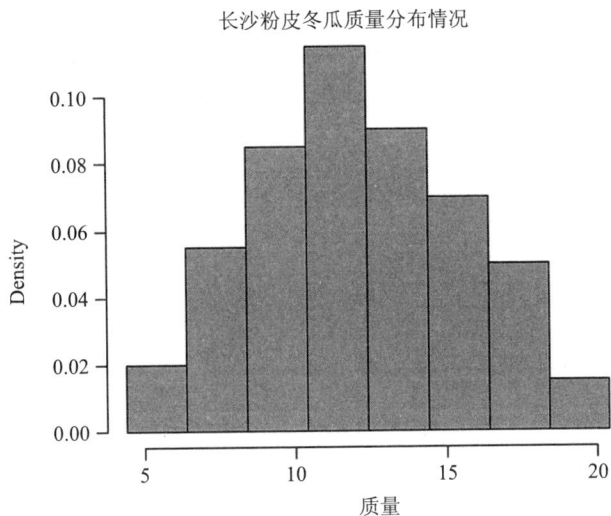

图 2-5　频率分布的直方图

长沙粉皮冬瓜质量分布情况

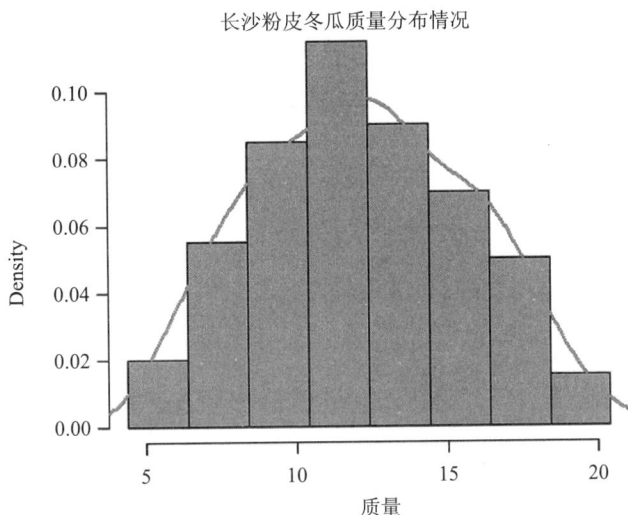

图 2-6　添加密度曲线的直方图

（3）程序解释及结果说明

100 个冬瓜质量数据存储在 2.2.txt 文件中，用 read.table() 函数读取数据，header = FALSE 表示没有表头。然后用 as.matrix(dat) 将数据转换成数值型矩阵，hist(dat) 可直接绘制简单的直方图，如图 2-3 所示。注意，hist(dat) 没有设置任何参数，图中使用了默认的组距、坐标轴标签和标题等。

如果想绘制更复杂的直方图，可参照第二个 hist 函数。其中将 seq() 函数生成的新的分组边界赋值给 breaks 参数；col="lightgrey" 表示绘制淡灰色柱子；xlab = "质量"，main = "长沙粉皮冬瓜质量分布情况"，分别定义了 x 轴标签和图片标题，如图 2-4 所示。

第三个 hist 函数中，freq = FALSE 表示绘制的是频率分布图，即密度分布图（图 2-5），因此 y 轴标签自动显示 "Density"。

低水平作图函数 lines() 用于在图中添加曲线。density() 函数用于计算分布密度。lines(density(dat), lwd=2, col="grey") 表示在直方图上叠加了一条灰色的、两倍于默认线条宽度的密度曲线（图 2-6）。

2.3.3 练习题

表 2-3 是 140 行水稻产量。请绘制直方图，并添加密度曲线。

表 2-3　140 行水稻产量　　　　　　　　　　　　　单位：g

177	215	197	97	123	159	245	119	119	131	149	152	167	104
161	214	125	175	219	118	192	176	175	95	136	199	116	165
214	95	158	83	137	80	138	151	187	126	196	134	206	137
98	97	129	143	179	174	159	165	136	108	101	141	148	168
163	176	102	194	145	173	75	130	149	150	161	155	111	158
131	189	91	142	140	154	152	163	123	205	149	155	131	209
183	97	119	181	149	187	131	215	111	186	118	150	155	197
116	254	239	160	172	179	151	198	124	179	135	184	168	169
173	181	188	211	197	175	122	151	171	166	175	143	190	213
192	231	163	159	158	159	177	147	194	227	141	169	124	159

2.4　箱线图

2.4.1　函数 boxplot()

箱线图（box plot）是使用频率非常高的一类图，它主要由 5 个组成部分：极小值、下四分位数、中位数、上四分位数、极大值（图 2-7）。箱线图常用于展示数据的大致分布特征，也用于探索异常值和离群点。函数 boxplot() 可用于绘制箱线图。

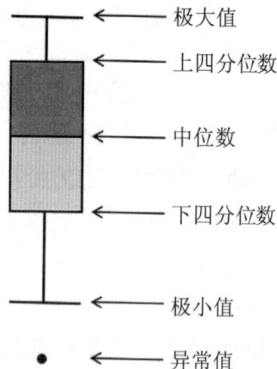

图 2-7　箱线图注释

基本用法：

boxplot(x, ...)

公式形式用法：

boxplot(formula, data = NULL, width = NULL, outline = TRUE, names, border = par("fg"), col = NULL, ...)

主要参数的含义如下：

x：向量、列表或数据框。

formula：公式，形如 y~grp，其中 y 为向量，grp 是数据的分组，通常为因子。

data：数据框或列表，用于提供公式中的数据。

width：箱体的相对宽度，当有多个箱体时，有效。

outline：逻辑值，如果该参数设置为 FALSE，则箱线图中不会绘制离群值；默认为 TRUE。

names：绘制在每个箱线图下方的分组标签。

border：箱线图的边框颜色。

col：箱线图的填充色。

2.4.2　例题

R 语言包中的鸢尾花数据 data-iris.csv 包含 150 朵鸢尾花的花萼长度（Sepal.Length）、花萼宽度（Sepal.Width）、花瓣长度（Petal.Length）、花瓣宽度（Petal.Width）和品种（Species）。绘制 150 朵鸢尾花花萼长度（Sepal.Length）的箱线图，以及对比不同品种的花萼长度（Sepal.Length）箱线图。

（1）R 语言程序

setwd("d:/data") #设置数据存储路径

dat <- read.table("data-iris.csv", sep = ",", header =TRUE)

boxplot(dat$Sepal.Length, main = "Box plot of 150 iris", ylab = "Sepal.Length")#图 2-8

boxplot(Sepal.Length~Species,data = dat, main = "Box plot of different iris species", ylab = "Sepal.Length")#图 2-9

boxplot(Sepal.Length~Species,data = dat, main = "Box plot of different iris species", ylab = "Sepal.Length",col = rainbow(3), border = "darkgray", outline = FALSE)#图 2-10

（2）运行结果

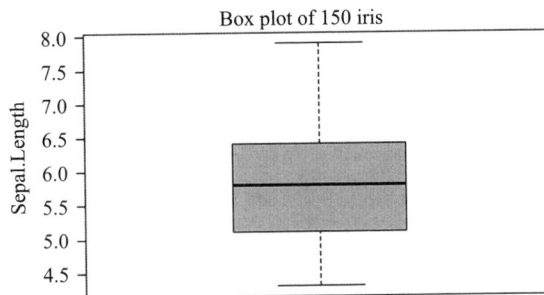

图 2-8　简单箱线图

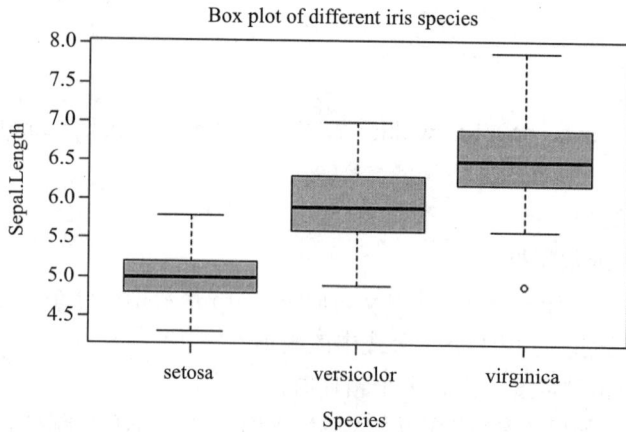

图 2-9　分组箱线图

R语言的基础绘图
（箱线图）

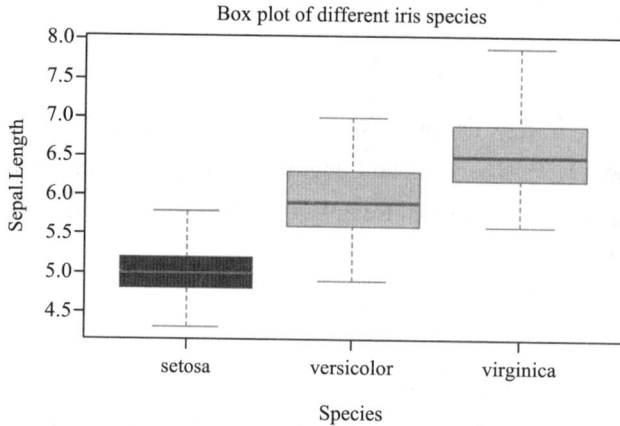

图 2-10　分组箱线图

（3）程序解释及结果说明

read.table()函数中 header = TRUE 表示读取文件的第一行作为表头。

第一个 boxplot 函数使用的是基本用法 boxplot(x, ...)，得到最简单的箱线图（图 2-8）。

第二个 boxplot 函数使用公式形式，公式 Sepal.Length~Species 表示 Species 是分组，Sepal.Length 是因变量，得到分组箱线图（图 2-9），其中 virginica 品种包含一个异常值。

第三个 boxplot 函数中添加 col = rainbow(3) 设置 3 个品种箱子的颜色，border="darkgray"设置边框颜色为深灰色，outline=FALSE 表示不显示异常值（图 2-10）。

2.4.3　练习题

对鸢尾花数据中的其他三个性状：花萼宽度（Sepal.Width）、花瓣长度（Petal.Length）、花瓣宽度（Petal.Width），分别作分组箱线图［使用 data(iris)调用 R 语言包的内置数据集，鸢尾花数据］。

2.5　绘图函数

2.5.1　函数 plot()

plot()是 R 语言中一个泛型作图函数，它的输出根据所绘制对象类型的不同而变化。最常用的是绘制散点图和折线图。基本用法：

plot(x, y = NULL, type = "p", xlim = NULL, ylim = NULL, pch = 0, lty = "solid", bty = "n", ...)

主要参数的含义如下：

x：自变量，不同的对象可以绘制出不同的结果。

y：因变量，与 x 同长度；缺省时，如 x 为单列，则 y 默认为 1:n；缺省时，如 x 为矩阵，则 x 的第一、第二列分别对应自变量和因变量。

type：绘图的形式，设置见图 2-11。默认 type="p"。

pch：点的形状，设置见图 2-12。

lty：线的类型，设置见图 2-13。

bty：图边框类型，设置见图 2-14。默认 bty="o"表示全框。

xlim, ylim：x 轴和 y 轴范围。

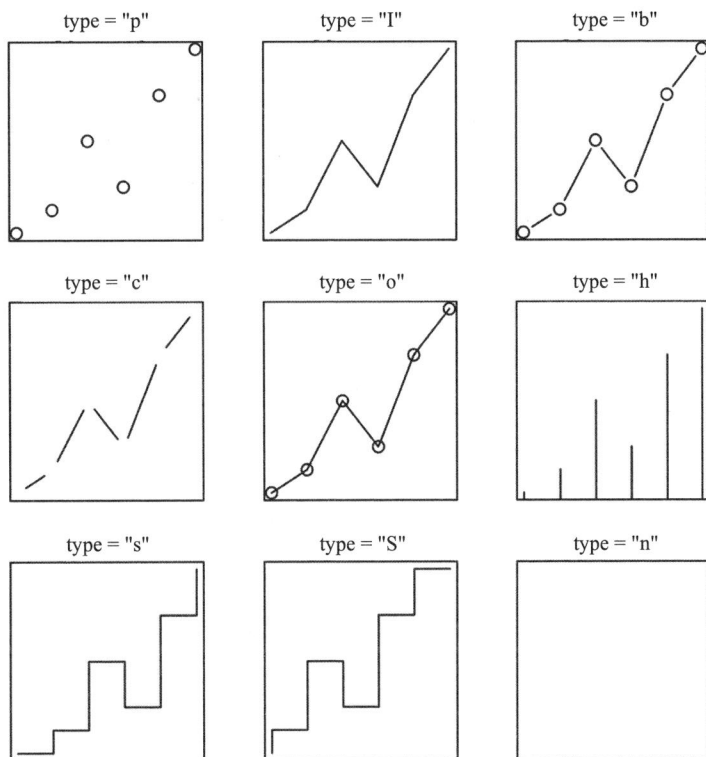

图 2-11　type 参数设置

Plotting character (pch)

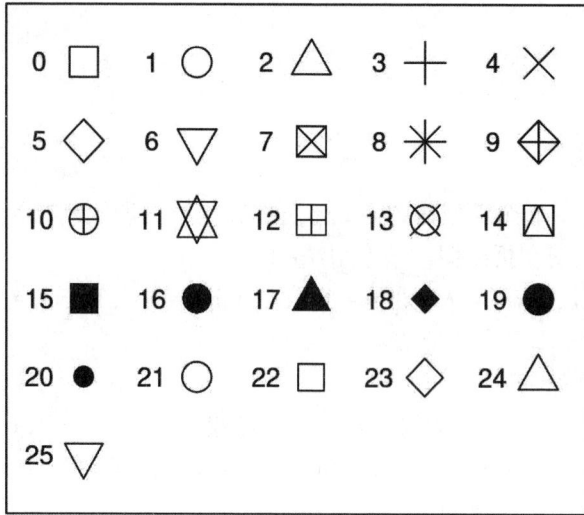

图 2-12　pch 参数设置

Line style (lty)

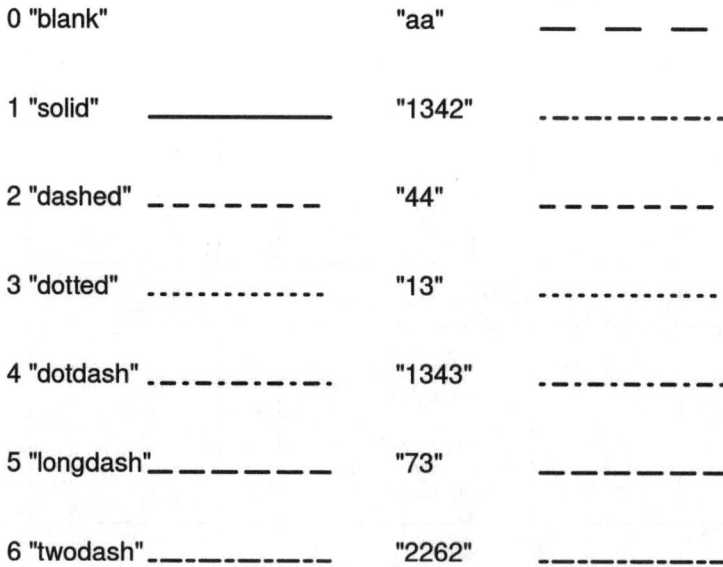

0 "blank"		"aa"	
1 "solid"		"1342"	
2 "dashed"		"44"	
3 "dotted"		"13"	
4 "dotdash"		"1343"	
5 "longdash"		"73"	
6 "twodash"		"2262"	

图 2-13　lty 参数设置

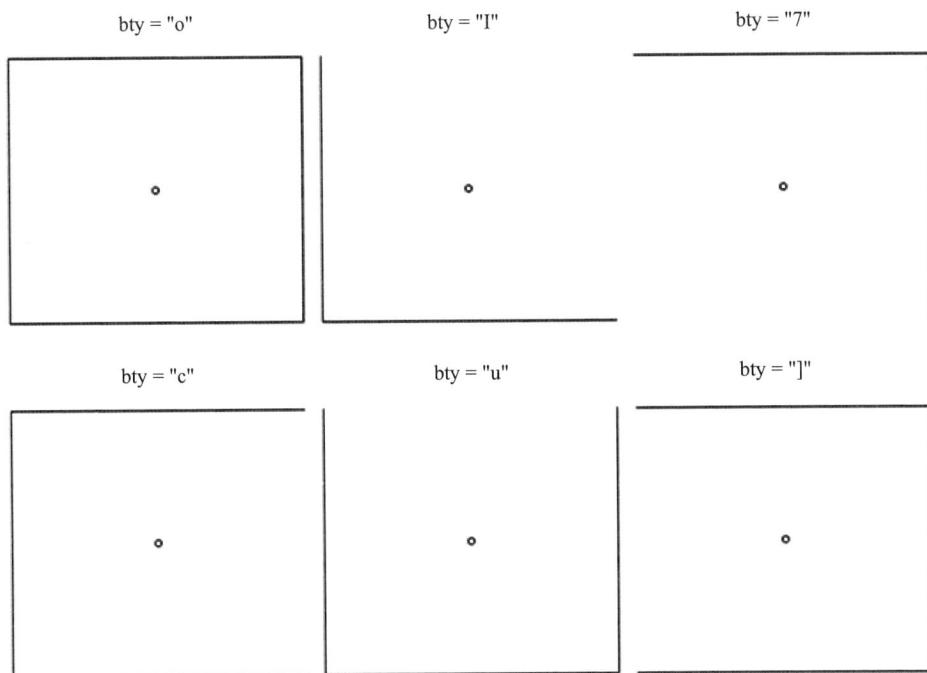

图 2-14 bty 参数设置

2.5.2 例题

2.5.2.1 散点图

一些夏季害虫盛发期的早迟与春季温度高低有关。江苏某县测定 1956—1964 年 3 月下旬至 4 月中旬旬平均温度累积值（累积温）x（单位：旬·℃）和一代三化螟盛发期 y（以 5 月 10 日为 0，y = 12 表示盛发期时间为 5 月 22 日）的关系见表 2-4，绘制散点图展示 x 和 y 的关系。

表 2-4 累积温和一代三化螟盛发期的关系

x	35.5	34.1	31.7	40.3	36.8	40.2	31.7	39.2	44.2
y	12	16	9	2	7	3	13	9	−1

（1）R 语言程序

```
x <- c(35.5, 34.1, 31.7, 40.3, 36.8, 40.2, 31.7, 39.2, 44.2)
y <- c(12, 16, 9, 2, 7, 3, 13, 9, -1)
plot(x, y, main = "累积温与一代三化螟盛发期的散点图", xlab = "累积温", ylab = "盛发期") #画散点图（图 2-15）
abline(lm(y~x)) #添加回归直线
```

（2）运行结果

累积温与一代三化螟盛发期的散点图

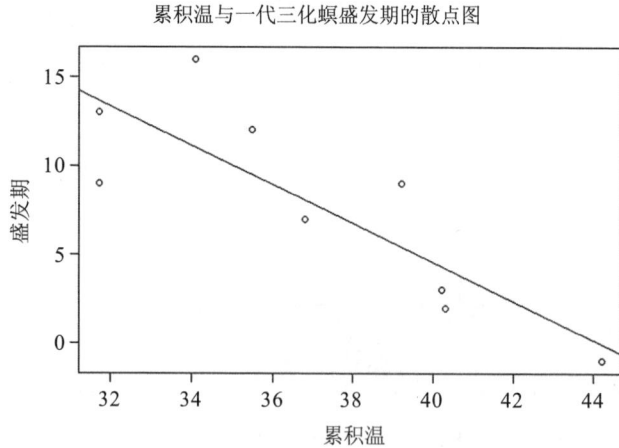

R语言的基础绘图
（散点图）

图 2-15 累积温与一代三化螟盛发期的散点图

（3）程序解释及结果说明

首先，用 c()函数定义自变量 x 和因变量 y，然后用 plot(x, y)画散点图。因为 type="p" 是点，所以该程序是画散点图。同时用 mian、xlab、ylab 分别定义图片标题、x 轴和 y 轴标签。

低水平作图函数 abline()是在绘图中添加直线的一个常用函数。lm(y~x)表示对因变量 y 和自变量 x 进行线性回归。abline(lm(y~x))即添加 y 和 x 的回归直线。

2.5.2.2 折线图

表 2-5 是两种农药 A 和 B 在不同剂量下的使用效果，绘图比较两种农药的使用反应。

表 2-5 两种农药的使用效果

农药	剂量				
	20	30	40	50	60
A	16	20	27	40	60
B	15	18	25	31	40

（1）R 语言程序

A <- c(16, 20, 27, 40, 60)

B <- c(15, 18, 25, 31, 40)

dose <- c(20, 30, 40, 50, 60)

plot(dose, A) #绘制剂量和农药 A 的散点图（图 2-16A）

plot(dose, A, type = "b", pch = 19, lty = 2, col = "black", ylim = c(0, 60), xlab = "剂量", ylab = "产量") #绘制折线图（图 2-16B）

lines(dose, B, type = "b", pch = 17, lty = 1, col = "grey") #添加农药 B 的折线图
（图 2-16C）

title(main = "农药 A、B 的反应曲线", sub = "这是测试数据") #添加标题（图 2-16D）

legend("topleft",　title = "类型", legend = c("A", "B"),　lty = c(2, 1),　pch = c(19, 17), col = c("black", "grey"))　#添加图例（图 2-16E）

（2）运行结果

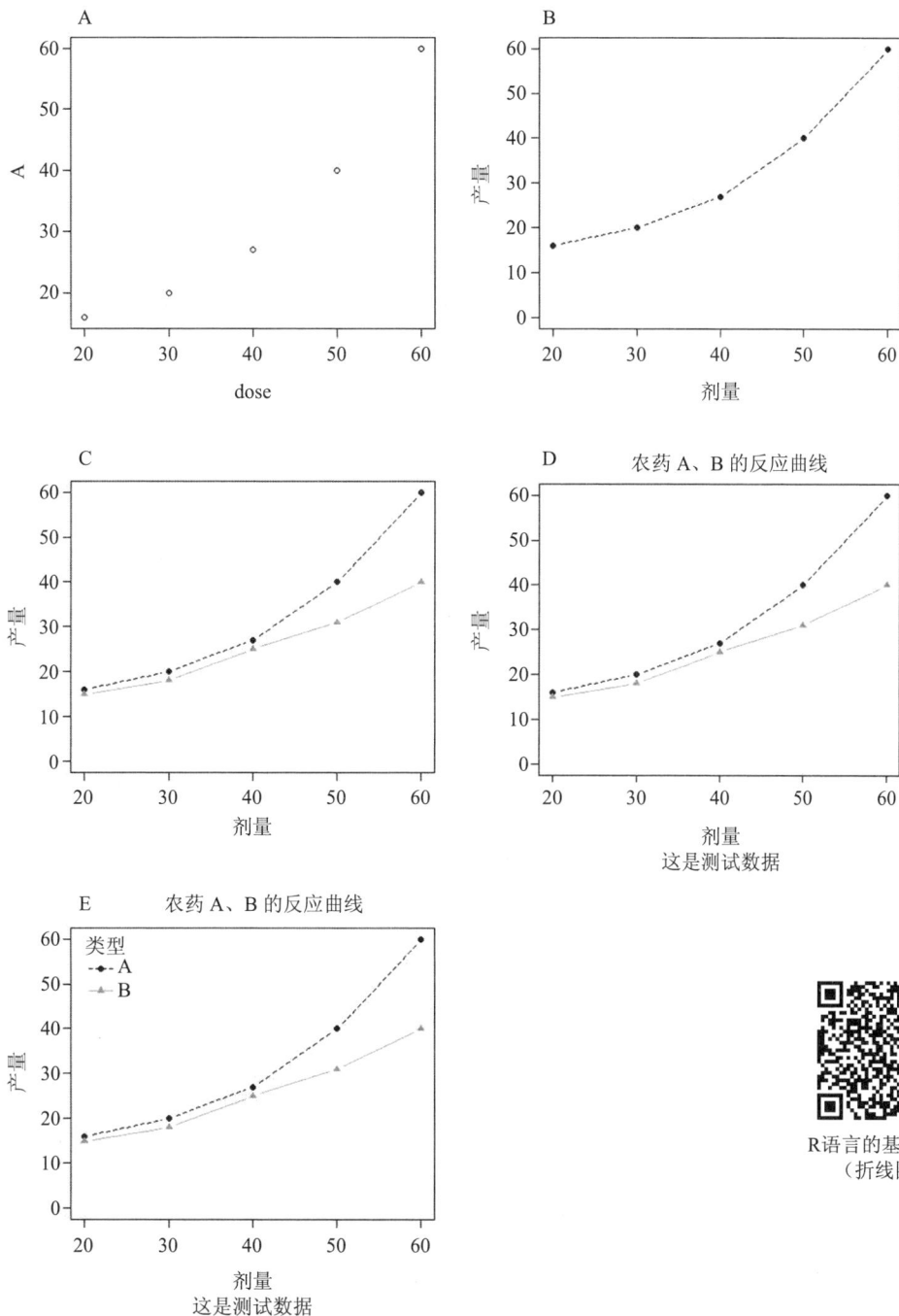

R语言的基础绘图
（折线图）

图 2-16　绘制农药 A 的散点图（A）、折线图（B）以及添加农药 B 的折线图（C）、
添加标题的折线图（D）和添加图例的折线图（E）

（3）程序解释及结果说明

第一个 plot()函数参数使用默认设置，绘制的是散点图，显示了在不同剂量的农药 A 作用下产量的变化。

第二个 plot()中设置了 type="b"表示绘制折线图，pch=19 和 lty=2 设置了点和线的形状，col="black"表示折线图是黑色，ylim=c(0,60)表示 y 轴的范围。

低水平函数 lines()在图中添加线。lines(dose, B, type="b", pch=17, lty=1, col="grey") 表示添加 B 的折线图，并用灰色显示。

低水平函数 title()表示在图中添加标题，与 main=和 sub=作用相同。title(main="农药 A、B 的反应曲线", sub="这是测试数据")表示，主标题是"农药 A、B 的反应曲线"，副标题是"这是测试数据"。

低水平函数 legend()用于添加图例。其中，"topleft"表示图例位置在左上角， title="类型"表示图例标题， legend=c("A","B")表示图例标签， lty=c(2,1)对应两种折线的形状，pch=c(19,17)对应两种折线上点的形状，col=c("black","grey")对应两种折线的颜色。

2.5.3 练习题

（1）用散点图画出鸢尾花数据中花萼长度（Sepal.Length）和花萼宽度（Sepal.Width）的关系，并添加回归直线。

（2）表 2-6 记录了 4 种种植密度和 4 种施肥量的大麦大区产量，请用折线图画出不同种植密度和不同施肥量下产量的变化趋势。

表 2-6 大麦大区产量结果

种植密度	施肥量			
	1	2	3	4
1	546	578	813	815
2	600	703	861	854
3	548	682	815	852
4	551	690	831	853

2.6 图形的导出

图形绘制完成之后，通常需要将图形保存下来，可以通过图形用户界面和代码两种方式。在 RStudio 右下方的"Plots"下，单击"Export"，选择"Save as Image"或"Save as PDF"，可以把图形保存在指定的文件夹下。我们还可以选择"Copy to Clipboard"，把图形直接复制到 Word 或 PowerPoint 文档。需要注意的是，这种方式保存的图形与 RStudio 图形窗口的尺寸有关，即不同大小的窗口得出的图形会有差异。

另外，可使用代码的方式保存绘制的图形。pdf()、bmp()、png()、jpeg()、tiff()等函数配合 dev.off()函数，可以将图形以对应的格式保存。以 pdf()为例，下面的代码会把图形保存在当前工作目录中，并命名为"mygraph.pdf"。

pdf("mygraph.pdf", width = 15, height = 12) #创建 pdf 文件，并设置画布大小

boxplot(Sepal.Length~Species, data = dat, main = "Box plot of different iris species", ylab = "Sepal.Length")#绘图

dev.off()#关闭图形设备，在当前工作目录下可看到该 pdf

bmp()、png()、jpeg()、tiff()函数与 pdf()使用格式相同。

练习题

将 2.1.3、2.2.3、2.3.3、2.4.3、2.5.3 练习题中所有绘制图形使用不同的方式保存下来。

第3章 描述性统计

描述性统计分析是指对试验、调查或观察得到的原始数据，进行简单整理和初步分析，探索数据的特性和变化规律的分析方法。

3.1 变量与次数分布

3.1.1 变量

变量（观测值）是指性质相同的事物间表现差异特征或差异性的数据资料。变量可以分为定性变量和定量变量两种。定性变量是描述事物的类别和本质，即质量性状。这类变量的集合可以叫作质量性状资料。定量变量是反映事物的数量特征，即数量性状。这类变量的集合可以叫作数量性状资料。

R语言中变量的读取方法包括直接输入法和外部数据读取法。

3.1.1.1 直接输入法

直接输入法适用于数据资料比较少，在田间或实验室直接采集的变量数据。可以直接用c()的函数输入变量，用data.frame()数据框建立表格。

例3.1 测得某水稻品种的化学成分见表3-1。

表3-1 某水稻品种的化学成分　　　　　　　　　　　　　　　　　单位：%

水分	糖类	蛋白质	脂肪	粗纤维	灰分
13	63	8	2	9	5

数据来源：刘永建，明道绪.田间试验与统计分析[M].4版.北京：科学出版社，2021。

（1）R语言程序

```
name=c("水分", "糖类", "蛋白质", "脂肪", "粗纤维", "灰分")
num=c(13.0, 63.0, 8.0, 2.0, 9.0, 5.0)
rice=data.frame(name, num)
rice
rice$num
```

（2）运行结果

```
      name    num
1     水分     13
2     糖类     63
3     蛋白质    8
4     脂肪     2
5     粗纤维    9
6     灰分     5
[1] 13  63  8  2  9  5
```

（3）程序解释及结果说明

R 语言软件的 data.frame()生成的是纵向表格，第一行表头，可以用变量名$表头名的方式把每一列数据提取出来，单独用于计算等操作。

3.1.1.2　外部数据读取法

外部数据读取法适用于数据资料内容多，且已经在其他软件上输入整理的变量数据。可以用 scan()函数命令直接读取纯数字的变量数据；用 read.csv()或 read.table()函数读取数据框数据。

例 3.2　随机调查 100 个麦穗，读取每个麦穗小穗数，见表 3-2。

表 3-2　100 个麦穗的每穗小穗数

18	15	17	19	16	15	20	18	19	17
17	18	17	16	18	20	19	17	16	18
17	16	17	19	18	18	17	17	17	18
18	15	16	18	18	18	17	20	19	18
17	19	15	17	17	17	16	17	18	18
17	19	19	17	19	17	18	16	18	17
17	19	16	16	17	17	17	15	17	16
18	19	18	18	19	19	20	17	16	19
18	17	18	20	19	16	18	19	17	16
15	16	18	17	18	17	17	16	19	17

数据来源：刘永建，明道绪. 田间试验与统计分析[M]. 4 版. 北京：科学出版社，2021。

把数据保存在 Excel 文件中，改变文件类型为"文本文件（制表符分割）"，然后用 scan()函数命令，就可以把数据读入。

（1）R 语言程序

Wheat=scan("d:/data/3.2.txt")

（2）运行结果

> Wheat=scan("d:/data/3.2.txt")

Read 100 items

（3）程序解释及结果说明

scan()函数内输入完整的数据表地址，就可以直接读入纯数值的数据资料，结果显示读入 100 个数值。

例 3.3 有一批体检数据，包括受检者的姓名、性别、年龄、身高、体重信息，见表 3-3。

表 3-3　学生数据资料

Name	sex	age	height	weight
Wangle	f	47	156.3	57.1
Zhangxin	m	41	172.4	54.3
Lili	m	29	169.2	47.8
Zhaodong	f	38	158.2	74.6
Zhangsan	f	56	160.1	44.4
Lisi	f	33	174.1	54.5
Wangwu	m	31	178.9	78.9
Dingli	f	46	166.2	45.6
Liudahua	m	53	180.3	67.9
Zhanxue	f	44	178.6	56.1
Yefei	m	33	178.3	67.8
Lining	m	41	182.4	87.8
Dongsan	f	55	170.4	56.2
Liusan	f	32	156.3	43.1
Yusi	m	29	170.1	67.4

把数据保存在 Excel 文件中，改变文件类型为"CSV（逗号分割）"，然后用 read.csv() 函数命令，就可以把数据读入。

（1）R 语言程序

studata=read.csv("d:/data/3.3.csv")

studata

studata$height

studata$Name

（2）运行结果

> studata=read.csv("d:/data/3.3.csv")

> studata

```
     Name      sex  age  height  weight
1    Wangle    f    47   156.3   57.1
2    Zhangxin  m    41   172.4   54.3
3    Lili      m    29   169.2   47.8
4    Zhaodong  f    38   158.2   74.6
5    Zhangsan  f    56   160.1   44.4
6    Lisi      f    33   174.1   54.5
7    Wangwu    m    31   178.9   78.9
```

8	Dingli	f	46	166.2	45.6
9	Liudahua	m	53	180.3	67.9
10	Zhanxue	f	44	178.6	56.1
11	Yefei	m	33	178.3	67.8
12	Lining	m	41	182.4	87.8
13	Dongsan	f	55	170.4	56.2
14	Liusan	f	32	156.3	43.1
15	Yusi	m	29	170.1	67.4

> studata$height

[1] 156.3 172.4 169.2 158.2 160.1 174.1 178.9 166.2 180.3 178.6 178.3 182.4

[13] 170.4 156.3 170.1

> studata$Name

[1] "Wangle" "Zhangxin" "Lili" "Zhaodong" "Zhangsan" "Lisi"

[7] "Wangwu" "Dingli" "Liudahua" "Zhanxue" "Yefei" "Lining"

[13] "Dongsan" "Liusan" "Yusi"

（3）程序解释及结果说明

对于带有表头的数据资料，用 read.csv()读取时要录入完整的数据路径，用变量名加上数据的列名就可以提取该列的数据。如 studata$height 可把学生身高数据单独提取出来。

3.1.2 次数分布

数量性状资料是指由计数和测量或度量得到的数据资料。根据获得数据的方式和数据性质的不同，可以分为离散性变量和连续性变量。整理数量性状资料的方法是在它们的数量范围内划分出互斥的区间，在统计不同区间内变量出现的个数，从而找出数据资料的规律性，这种由不同区间内变量出现次数（或频数）组成的分布，称为次数（频数）分布。

3.1.2.1 计数类型的资料

计数类型的资料一般是间断性变量，全部是整数，因此是不连续的。当观测值不多（$n \leqslant 30$）时不必分组，直接进行统计分析。当观测值较多（$n > 30$）时，需要先将观测值分成若干组，以便统计分析。一个随机样本中的观测值个数又称样本容量。经过分组归类后，可将其制成有规律的表格形式，叫作次数分布表。可以直接使用 cut()函数进行分组。

例 3.4 利用例 3.2 的数据制作次数分布表。

小麦的小穗数在 15～20 这个范围内变动，有 6 个不同的观测值，可以直接分为 6 组。

（1）R 语言程序

```
x = scan(" d:/data/3.2.txt")
breaks =c(14, 15, 16, 17, 18, 19, 20)
labels = c("15",  "16",  "17",  "18", "19", "20")
group =cut(x, breaks = breaks, labels = labels, include.lowest = TRUE)
freq_table = table(group)
print(freq_table)
```

（2）运行结果

group

15 16 17 18 19 20

6 15 32 25 17 5

（3）程序解释及结果说明

breaks 是设定分组边界值，labels 是分组标签，cut 函数按照设定的边界值进行分组。

描述性统计分性
（计数类型的资料）

3.1.2.2　数量类型的资料

数量类型的资料一般是连续性变量资料的各个观测值，不一定是整数，两个相邻的整数间可以有带小数的任何数值出现，因此不能按照计数资料的分组方法进行整理。其方法是在分组前先确定组数、全距、组距、组中值及组限，然后将每个观测值归组，制成次数分布表。

R 语言软件中没有直接的函数命令完成次数分布，需要我们按照制作次数分布表的步骤作简单的程序命令来确定组限并完成分组，再用 cut() 函数完成统计归组，作出次数分布表。

例 3.5　将 100 个长沙粉皮冬瓜质量资料（表 3-4），整理成次数分布表。

表 3-4　100 个长沙粉皮冬瓜质量资料

13.9	10.6	12.1	13.8	18.5	12.7	10.5	8.7	15.7	16.5
12.4	16.8	7.3	15.8	10.2	17.6	8.2	13.5	9.2	13.5
6.3	16.9	15.9	5.8	10.1	19.9	6.5	14.3	9.3	11.5
12.7	16.3	15.8	13.3	12.4	17.8	9.2	13.5	16.5	15.7
13.2	11.3	5.4	16.1	8.5	8.2	7.1	9.3	7.5	8.5
10.4	11.5	11.6	10.9	12.2	6.5	17.6	16.3	18	15.5
19.2	9.5	14.3	15.3	13.2	17.6	13.5	11.5	14	6.5
8.5	12	12.4	8.7	8.2	14.5	12.4	11.3	15.5	15.6
10.2	8.5	10.5	14.5	17.5	10.5	7.5	12.4	12.7	10.6
14.3	12.7	6.2	12.3	14.3	9.5	7.6	11.6	9.5	10.5

（1）R 语言程序

```
setwd("d:/data")
x = read.table(file = "3.4.txt", header = F)
x = unlist(as.matrix(x))           #将矩阵转换成向量
minx = floor(min(x))               #向下取整
maxx = ceiling(max(x))             #向上取整
qj = maxx-minx         #计算全距
n = 10                 #设定为 10 组
zj = c((maxx-minx)/n)            #计算组距
zxx = seq(from = minx, by = zj, length.out = n+1)     #计算组下限
zjz = seq(from = minx+zj/2, by = zj, length.out = n)      #计算组上限
```

```
temp = as.data.frame(table(cut(x, breaks = zxx)))     #分组计数
frequency.table = data.frame('组限' = temp[,1],'中间值(y)' = zjz,'频数(f)' = temp[,2])
View(frequency.table)          #查看分组结果
```

（2）运行结果

	组限	中间值.y.	频数.f.
1	(5,6.5]	5.75	7
2	(6.5,8]	7.25	5
3	(8,9.5]	8.75	16
4	(9.5,11]	10.25	11
5	(11,12.5]	11.75	16
6	(12.5,14]	13.25	14
7	(14,15.5]	14.75	9
8	(15.5,17]	16.25	13
9	(17,18.5]	17.75	7
10	(18.5,20]	19.25	2

描述性统计分性
（数量类型的资料）

（3）程序解释及结果说明

n 是确定组数，根据数据量大小来自行确定，zj 是用全距除以组数得到组距，zxx 是确定每组的组限，数值比组数多一个，最小值为第一个下限，zjz 是每组的组中值，用组下限加上 1/2 的组距，然后利用 cut()函数按 zxx 组限分段并统计数据归组，temp 用 as.data.frame()建立临时数据框，frequency.table()是按常规列出次数分布表。因为数据的最大值和最小值一般不为整数，这里又用了 floor()函数向下取整和 ceiling()函数向上取整来确定最大值和最小值作为组限，以便更方便分组。

3.2 资料的描述

3.2.1 集中性描述

数据集中性描述的常用统计量包括平均值、众数、中位数和总和。

（1）平均值：是衡量数据的中心位置的重要指标。平均值的类型包括算术平均值、几何平均值。在 R 语言软件中可以用 mean()函数计算简单算术平均值。

（2）众数：是指资料中出现次数最多的观测值或次数最多一组的组中值。在 R 语言软件中没有直接可以使用的求解众数的函数，先用 table()函数显示数据因子出现的次数，再取其最大值 max(table(x))获得众数。

（3）中位数：是指将资料内所有观测值从小到大依次排列，位于中间的那个观测值，简称中数。在 R 语言软件中可以用 median()函数计算中位数。

（4）总和：是对所有的数据进行加总求和。在 R 语言软件中可以用 sum()函数计算总和。

3.2.2 分散性描述

分散性描述也称离散性描述，常用的统计量包括极差、分位数、方差、标准差和变异系数。

（1）极差：又称全距，指的是数据的最大值和最小值之差，极差是衡量数据离散程度的一个重要指标，极差的值越大，说明数据越分散。在 R 语言软件中可以用 max() 和 min() 函数分别计算数据的最大值和最小值，然后用最大值减去最小值就得到极差。

（2）分位数：又称分位点，是指将一个随机变量的概率分布范围分成几个等份的数值点，常用的有中位数（即二分位数）、四分位数、百分位数等。R 语言软件中可以用 quantile() 函数计算数据的分位数。其调用格式如下：quantile(x, probs=seq(0, 1, 0.25))，其中 x 表示样本数据的向量，probs 表示需要计算的分位数，默认值为 0，0.25，0.5，0.75，1。

（3）方差：样本方差是离均差的平方和除以自由度，在 R 语言软件中可以用 var() 函数计算。

（4）标准差：样本标准差是样本方差的平方根，R 语言软件中可以用 sd() 函数计算。

（5）变异系数：是样本标准差和平均数的比值，R 语言软件中没有直接函数计算，可以用 sd()/mean() 公式计算。

在实际数据分析过程中，我们也会采用批量计算函数给出相应变量的各种指标，如 summary()、describe()、describeBy() 等函数。

summary() 函数可以查看变量的最小值、下四分位数、中位数、均值、上四分位数、最大值这些指标。

psych 包中的 describe() 函数可以得到非缺失值的数量、平均数、标准差、中位数、截尾均值、绝对中位差、最小值、最大值、值域、偏度、峰度和平均值的标准误这些指标。

describeBy() 函数可以添加分组变量，分组查看各变量的统计描述指标。

pastecs 包中 stat.desc() 函数，可计算其中所有值、空值、缺失值的数量，以及最小值、最大值、值域，还有总和、中位数、平均数、平均值的标准误、平均数置信度为 95% 的置信区间、方差、标准差以及变异系数、偏度和峰度（以及它们的统计显著程度）和 Shapiro-Wilk 正态检验结果。可以根据显示需要，设置它们的参数（basic=T, desc=T, norm=F），默认状态是全部显示。

3.2.3 例题

例 3.6 利用例 3.2 的数据计算平均值、众数、中位数、总和、极差、分位数、方差、标准差和变异系数。

（1）R 语言程序

```
Wheat = scan("d:/data/3.2.txt")
mean(Wheat)
median(Wheat)
sum(Wheat)
summary(Wheat)
max(Wheat)-min(Wheat)
```

quantile(Wheat)

var(Wheat)

sd(Wheat)

sd(Wheat)/mean(Wheat)

library(psych)

describe(Wheat)

描述性统计分性
（资料的描述）

（2）运行结果

```
> mean(Wheat)
[1] 17.47
> median(Wheat)
[1] 17
> sum(Wheat)
[1] 1747
> summary(Wheat)
   Min. 1st Qu.  Median   Mean 3rd Qu.   Max.
  15.00  17.00   17.00   17.47  18.00   20.00
> max(Wheat)-min(Wheat)
[1] 5
> quantile(Wheat)
   0%   25%   50%   75%  100%
   15    17    17    18    20
> var(Wheat)
[1] 1.564747
> sd(Wheat)
[1] 1.250899
> sd(Wheat)/mean(Wheat)
[1] 0.07160267
> library(psych)
> describe(Wheat)
```

	vars	n	mean	sd	median	trimmed	mad	min	max	range	skew	kurtosis	se
X1	1	100	17.5	1.25	17	17.5	1.48	15	20	5	0.02	-0.57	0.13

（3）程序解释及结果说明

先读入数据，再用各个函数命令计算，可以得出平均值是 17.47，众数是 17，中位数也是 17，总和是 1747，极差是 5，分位数按默认值分别为 15、17、17、18、20，方差为 1.564747、标准差为 1.250899，变异系数为 0.07160267。trimmed 又称"截尾均值"，是指在一个数列中，去掉两端的极端值后所计算的算术平均数。mad（median absolute deviation，中位数绝对偏差）是单变量数据集中样本差异性的稳健度量。skew 偏度（skewness）是统计数据分布偏斜方向和程度的度量，是统计数据分布非对称程度的数字特征。kurtosis 峰度表征概率密度分布曲线在平均值处峰值高低的特征数。se 是标准误。

例 3.7 利用例 3.3 的数据分别计算性别为 f 和 m 身高和体重的平均值和标准差。

（1）R 语言程序

x = read.csv("3.3.csv", header = T)

aggregate(x = x[,4:5], by = list(x$sex), FUN = "mean")

aggregate(x = x[,4:5], by = list(x$sex), FUN = "sd")

（2）运行结果

aggregate(x = x[,4:5], by = list(x$sex), FUN = "mean")

```
   Group.1    height      weight
1       f  165.0250    53.95000
2       m  175.9429    67.41429
```

aggregate(x = x[,4:5], by = list(x$sex), FUN = "sd")

```
   Group.1    height      weight
1       f  8.618875    10.17686
2       m  5.277896    13.56828
```

（3）程序解释及结果说明

调用 aggregate 函数以性别进行分类，用 by = list(分类的向量)，FUN 指定进行计算的函数，分别计算了身高和体重的平均值和标准差。

3.2.4 练习题

（1）调查 100 个小区水稻产量的数据（表 3-5），计算数据资料的平均值、众数、中位数、总和、极差、分位数、方差、标准差和变异系数，并制作次数分布表。

表 3-5 水稻产量

37	36	39	36	34	35	33	31	38	34
46	35	39	33	41	33	32	34	41	32
38	38	42	33	39	39	30	38	39	33
38	34	33	35	41	31	34	35	39	30
39	35	36	34	36	35	37	35	36	32
35	37	36	28	35	35	36	33	38	27
35	37	38	30	26	36	37	32	33	30
33	32	34	33	34	37	35	32	34	32
35	36	35	35	35	34	32	30	36	30
36	35	38	36	31	33	32	33	36	34

（2）分别计算表 3-6 中两个玉米品种的 10 个果穗长度的平均值、众数、中位数、总和、极差、分位数、方差、标准差和变异系数，并解释所得结果。

表 3-6 玉米果穗长度

品种	果穗长度									
BS24	19	21	20	20	18	19	22	21	21	19
金皇后	16	21	24	15	26	18	20	19	22	19

第 4 章　t 检验

假设检验是指根据样本统计数对样本所属总体参数提出的假设是否真实所进行的检验，又称显著性检验，常用的有 u 检验、t 检验、F 检验和卡方检验等。本章介绍了 t 检验，第 5 章介绍卡方检验。t 检验主要用于小样本条件下，单样本平均数所在总体与已知总体平均数间差异，两个样本平均数对应总体平均数间差异，或配对资料平均数差异的显著性检验。三种情况均可采用 t.test 程序完成，对于第二种情况先进行方差的一致性检验，然后根据方差齐性完成 t 检验过程。

4.1　单样本平均数的假设检验

4.1.1　t.test 过程

语句格式：

t.test(x, alternative = c("two.sided", "less", "greater"), mu = …)

主要参数的含义如下：

x：指定要分析的数据集，为一个非空的向量。

alternative：指定要进行双尾、左尾或右尾检验。

mu：对应的假设的总体平均数。

4.1.2　例题

已知某晚稻良种的千粒重总体平均数 μ_0= 27.5g。新育成一高产品种 "协优辐 819"，在 9 个小区种植，收获后各小区随机测定千粒重（g），所得观测值为 32.5，28.6，28.4，34.7，29.1，27.2，29.8，33.3，29.7。检验新育成品种的千粒重与某晚稻良种的千粒重是否相同[①]。

（1）R 语言程序

x = c(32.5, 28.6, 28.4, 34.7, 29.1, 27.2, 29.8, 33.3, 29.7)

t.test(x, alternative = c("two.sided"), mu = 27.5)

（2）运行结果

One Sample t-test　　#检验类型为单样本 t 检验

data:　x　　#运算用的数据集

单样本平均数的
假设检验

---

① 数据来源：刘永建，明道绪. 田间试验与统计分析[M]. 4 版. 北京：科学出版社，2021。

t = 3.3955, df = 8, p-value = 0.009423　　#t 统计量、自由度及概率值

alternative hypothesis: true mean is not equal to 27.5　　#备择假设

95 percent confidence interval:　　#样本平均数 95%的置信区间

　28.41980 32.31354

sample estimates:　　#样本估计

mean of x　　#样本平均数

　30.36667

（3）程序解释及结果说明

本题中，所计算的统计量|t| = 3.3955，对应的概率值为 0.009423，小于 0.01 的显著水平，即现育成一高产品种"协优辐 819"的千粒重与已知某晚稻良种的千粒重总体差异显著。双尾检验为默认选项，做双尾检验时，一般可不写"alternative = c("two.sided")"。

4.1.3　练习题

某甜玉米品种的千粒重 mu = 34g，新选育一高产甜玉米新品种，在 10 个小区种植，其千粒重（g）为：35.1，40.6，33.1，37.6，34，37，33.6，31.9，37.4，35.1，问新引入品种的千粒重与原品种有无显著差异。

4.2　两个样本成组数据的假设检验

4.2.1　t.test 过程

语句格式：

t.test(x, y, alternative = c("two.sided", "less", "greater"),
　　　　mu = 0, paired = FALSE, var.equal = FALSE,
　　　　conf.level = 0.95, ...)

主要参数的含义如下：

x，y：指定要分析的数据集，是一个非空的向量。

alternative：指定要进行双尾、左尾或右尾检验。

mu=0：平均值之差为 0。

paired：数据是否为配对数据，TRUE 表示配对数据，FALSE 表示非配对数据。

var.equal：是否将两个样本方差视为相等，如果为 TRUE，则两个样本方差相等，为 FALSE 则表明两个样本方差不相等，近似 t 检验。

conf.level：输出的区间的置信水平。

4.2.2　例题

测得马铃薯两个品种"鲁引 1 号"和"大西洋"的块茎干物质含量（%），结果如表 4-1 所示。

表 4-1 马铃薯两个品种的块茎干物质含量   单位：%

| "鲁引 1 号" | 18.68 | 20.67 | 18.42 | 18.00 | 17.44 | 15.95 |
| "大西洋" | 18.68 | 23.22 | 21.42 | 19.00 | 18.92 | |

数据来源：刘永建，明道绪. 田间试验与统计分析[M]. 4 版. 北京：科学出版社，2021。

试问两个品种马铃薯的块茎干物质含量有无显著差异？（双尾检验）

（1）R 语言程序

x=c(18.68,20.67,18.42,18.00,17.44,15.95)

y=c(18.68,23.22,21.42,19.00,18.92)

var.test(x,y)   #进行方差齐性检验

t.test(x, y, alternative = c("two.sided"), paired = FALSE, var.equal =T)   #进行 *t* 检验，两组数据为非配对试验设计，样本方差相等

（2）运行结果

   F test to compare two variances   #进行方差齐性检验

data: x and y

F = 0.6035, num df = 5, denom df = 4, p-value = 0.588   #F 值为 0.6035，*p* 值为 0.588，方差相等

alternative hypothesis: true ratio of variances is not equal to 1

95 percent confidence interval:

0.0644459 4.4586017   #F 值 95%的置信区间

sample estimates:

ratio of variances

0.6035017

   Two Sample t-test

data: x and y

t = -1.9222, df = 9, p-value = 0.08675   #*t* 值为-1.9222，对应的 *p* 值为 0.08675

alternative hypothesis: true difference in means is not equal to 0

95 percent confidence interval:

 -4.472741   0.363408

sample estimates:

mean of x mean of y

 18.19333   20.24800

两个样本成组数据的
假设检验

（3）程序解释及结果说明

本题中，所计算的统计量|t| = 1.9222，对应的概率值为 0.08675，大于 0.05 的显著水平，即两个品种"鲁引 1 号"和"大西洋"的块茎干物质含量差异不显著。

4.2.3 练习题

面积为 $60\ m^2$ 的甜玉米小区 10 个，各分为两半，一半去雄，另一半不去雄，得产量（kg）见表 4-2，试测验两处理水平的产量差异是否显著（双尾检验）。

表 4-2 玉米产量   单位：kg

去雄	61	62	63	74	61	71	61	59	70	67
未去雄	53	61	59	62	63	54	59	58	68	58

4.3 成对数据的假设检验

4.3.1 t.test 过程

语句格式：

t.test(x, y, alternative = c("two.sided", "less", "greater"),

　　　　mu = 0, paired = TURE, var.equal = FALSE,

　　　　conf.level = 0.95, ...)

主要参数的含义同 4.2 节。

4.3.2 例题

选取生长期、发育进度、植株大小和其他方面皆比较一致的相邻的两块地的红心地瓜苗构成一组，共得 6 组。每组中一块地按标准化栽培，另一块地进行绿色有机栽培，用来研究不同栽培措施对产量的影响，得每块地瓜产量情况见表 4-3，检验两种栽培方式差异是否显著（$\alpha=0.05$）。

表 4-3 地瓜产量   单位：kg

有机栽培	2 722.2	2 866.7	2 675.9	2 169.2	2 253.9	2 415.1
标准栽培	951.4	1 417	1 275.3	2 228.5	2 462.6	2 715.4

数据来源：刘永建，明道绪. 田间试验与统计分析[M]. 4 版. 北京：科学出版社，2021。

（1）R 语言程序

x = c(2722.2, 2866.7, 2675.9, 2169.2, 2253.9, 2415.1)

y = c(951.4, 1417.0, 1275.3, 2228.5, 2462.6, 2715.4)

t.test (x, y, paired = TRUE)

（2）运行结果

　　　　　Paired t-test　　#检验类型为双样本配对设计 t 检验

data:　x and y　　#运算用的数据集

t = 1.7252, df = 5, p-value = 0.1451　　#t 统计量、自由度及概率值

alternative hypothesis: true mean difference is not equal to 0

95 percent confidence interval:

 -330.9814 1681.9147

sample estimates:　　　　#样本估计

成对数据的
假设检验

mean difference   #样本平均数

675.4667

（3）程序解释及结果说明

本题中，所计算的统计量$|t| = 1.7252$，对应的概率值为 0.1451，大于 0.05 的显著水平，即两种栽培方式有机栽培和标准栽培差异不显著。

4.3.3　练习题

选各方面都一致的两株生菜苗为 1 组，共 9 组，每组中 1 株接种病毒 A，另一株接种病毒 B，以研究不同处理方法的钝化病毒效果，数据见表 4-4。试分析生菜苗对两种病毒差异是否显著。

表 4-4　不同处理方法的钝化病毒效果

A	22	28	17	10	14	45	14	33	20
B	52	26	32	34	29	58	40	31	34

第 5 章　卡方检验

卡方检验是一种用途广泛的假设检验方法，主要用于分类资料的统计分析。它包括三种主要的检验类型：适合性检验、拟合优度检验和独立性检验。适合性检验主要用于验证一组观察值的次数是否与理论次数相符。拟合优度检验则是用来判断一组观察频数与理论频数之间是否有显著差异。这种检验通常假设各类别的总体比例等于某个期望概率，通过比较观察频数与基于这个期望概率计算出的期望频数，来判断观察频数是否显著偏离期望频数。独立性检验则用于验证两个变量之间是否互相独立。三种情况均可采用 chisq.test 程序完成。本章仅介绍适合性检验和独立性检验。而拟合优度检验注重模型的整体表现，通常需要先给出数据的模型，而不关注单个数据点与模型的符合程度，本书不讲。

5.1　适合性检验

5.1.1　chisq.test 过程

语句格式：

chisq.test(x, y = NULL, correct = TRUE,

                 p = rep(1/length(x), length(x)), rescale.p = FALSE,

                 simulate.p.value = FALSE, B = 2000)

主要参数的含义如下：

x：指定要分析的数据集，可以是一个数字向量或矩阵，也可以是因子。

y：数字向量，如果 x 是矩阵则可忽略，如果 x 是一个因子，y 应该是相同长度的因子。

correct：在计算 2×2 表的检验统计量时是否进行连续性校正，如果 simulation .p.value = TRUE，则不进行任何校正。

p：与 x 长度相同的概率向量，如果 p 的任何项为负，则出错。

rescale.p：逻辑量，如果为 TRUE，则 p 被重新缩放为 1，如果 p 为 FALSE，且 p 的和不等于 1，则给出一个错误提示。

simulate.p.value：指示是否通过蒙特卡罗模拟计算 p 值。

B：指定蒙特卡罗测试中使用的重复数。

5.1.2　例题

有一水稻遗传试验，以秆尖有色非糯品种与秆尖无色糯性品种杂交，其 F_2 的观察结果为有色非糯∶有色糯性∶无色非糯∶无色糯性=491∶76∶90∶86。试检验这一结果是否符合 9∶3∶3∶1 的理论比例[1]。

（1）R 语言程序

x<-c(491,76,90,86)

chisq.test(x, p=c(9, 3, 3, 1), rescale.p = T)　#卡方适合性检验

（2）运行结果

Chi-squared test for given probabilities

data:　x

X-squared = 92.706, df = 3, p-value < 2.2e-16　#卡方统计量、自由度及概率值

（3）程序解释及结果说明

本题中，所计算的统计量 X-squared = 92.706，对应的概率值为 2.2e-16，小于 0.01 的显著水平，即有色非糯∶有色糯性∶无色非糯∶无色糯性不符合 9∶3∶3∶1 的理论比例。

5.1.3　练习题[2]

（1）以绿子叶大豆和黄子叶大豆杂交，在 F_2 得到黄子叶苗 762 株，绿子叶苗 38 株。问：绿子叶大豆和黄子叶大豆杂交的 F_2 性状分离是否符合 15∶1 的理论比例？

（2）紫色甜质玉米与白色粉质玉米杂交，在 F_2 得到 4 种表现型：紫色粉质 921 粒，紫色甜质 312 粒，白色粉质 279 粒，白色甜质 104 粒。问紫色甜质玉米与白色粉质玉米杂交 F_2 的 4 种表型紫色粉质∶紫色甜质∶白色粉质∶白色甜质，是否符合 9∶3∶3∶1 的理论比例（即这两对相对性状是否独立遗传）？

5.2　独立性检验

5.2.1　chisq.test 过程

语法结构同 5.1.1 节。

5.2.2　例题

为防治小麦散黑穗病，播种前对小麦种子进行灭菌处理，以未灭菌处理的为对照，得结果于表 5-1。试分析种子灭菌与否和散黑穗病病穗的多少是否有关。

表 5-1　散黑穗病病穗

	种子灭菌	不灭菌	总数
发病穗数	26	184	210
未发病穗数	50	200	250
总数	76	384	460

数据来源：刘永建，明道绪. 田间试验与统计分析[M]. 4 版. 北京：科学出版社，2021。

---

[1] 数据来源：刘永建，明道绪. 田间试验与统计分析[M]. 4 版. 北京：科学出版社，2021。

[2] 同上。

（1）R 语言程序

```
x<-matrix(c(26, 184, 50, 200), byrow=T, nrow=2)
chisq.test(x, correct=TRUE)    #卡方独立性检验
```

（2）运行结果

Pearson's Chi-squared test with Yates' continuity correction

data: x

X-squared = 4.2671, df = 1, p-value = 0.03886   #卡方统计量、自由度及概率值

独立性检验

（3）程序解释及结果说明

本题中，所计算的统计量 X-squared = 4.2671，对应的概率值为 0.03886，小于 0.05 的显著水平，即种子灭菌与否和散黑穗病病穗的多少是有关的。

5.2.3　练习题[①]

某仓库调查不同品种苹果的耐贮情况，随机抽取"国光"苹果 400 个，其中完好的 372 个，腐烂的 28 个，随机抽取"红星"苹果 356 个，其中完好的 324 个，腐烂的 32 个。检验这两种苹果耐贮性是否有差异。

---

① 数据来源：刘永建，明道绪. 田间试验与统计分析[M]. 4 版. 北京：科学出版社，2021：第 8 章。

第 6 章　单因素试验的方差分析

方差分析（analysis of variance，ANOVA）是对 k（$k \geq 3$）个样本平均数进行假设测验的方法。根据试验因素的多少，方差分析可以分为单因素方差分析、双因素方差分析和多因素方差分析。单因素试验的方差分析称为单因素方差分析（one-way analysis of variance，one-way ANOVA），是方差分析中最基本、最常用的一种，目的在于正确判断某一试验因素各水平（≥ 3 个）的相对效果。针对不同的试验设计，单因素方差分析又可分为完全随机试验的统计分析、随机区组试验的统计分析和拉丁方试验的统计分析三种主要的分析方法。对于三种试验设计都可用 aov 函数来进行统计分析，只是根据数学模型的不同会有不同的表达式。

6.1　完全随机试验的统计分析

6.1.1　aov 过程

aov(formula, data = NULL, projections = FALSE, qr = TRUE,contrasts = NULL, …)
主要参数的含义如下：

formula：指定数学模型的公式，如本分析中针对指定数学模型，将采用 y~A 表达式，其中 y 为因变量，字母 A 代表因子。

data：要分析的数据框，包含公式中的变量。

projections：逻辑符，指示是否应返回投影矩阵。

qr：逻辑符，指示是否应返回 QR 分解。

contrasts：用于模型中某些因子的对比设置的列表。

…：其他参数。

6.1.2　例题

水稻施用不同种类氮肥盆栽试验，设 5 个处理：A_1、A_2 分别为施用两种不同工艺流程的氨水，A_3 为施用碳酸氢铵，A_4 为施用尿素，A_5 为不施用氮肥（对照）；4 次重复，完全随机设计，共有 5×4=20 个盆钵参试。将置于同一盆栽场的 20 个盆钵完全随机分为 5 组，每组 4 个盆钵，每组随机实施 1 个处理（A_1、A_2、A_3、A_4 4 个施氮处理，每个盆钵的施氮量皆为折合纯氮 1.2 g）。稻谷产量（g／盆）列于表 6-1。检验施用不同种类氮肥对稻谷平均产量的影响是否有差异。

表 6-1　水稻施用不同种类氮肥盆栽试验的产量　　　　　　单位：g/盆

处理	平均产量			
A₁	24	30	28	26
A₂	27	24	21	26
A₃	31	28	25	30
A₄	32	33	33	28
A₅	21	22	16	21

（1）R 语言程序

```
#加载 agricolae 包
library(agricolae)
#创建数据集
yield <- c(24,30,28,26,27,24,21,26,31,28,25,30,32,33,33,28,21,22,16,21)
treatment <- factor(rep(1:5, each = 4))
my_data <- data.frame(yield, treatment)
#方差分析
aov.one.way<-aov (yield ~ treatment, data = my_data)
summary(aov.one.way)
#多重比较
duncan.test(aov.one.way, "treatment", alpha = 0.05, console = TRUE)
```

（2）运行结果

```
> summary(aov.one.way)
            Df Sum Sq Mean Sq F value   Pr(>F)
treatment    4  301.2   75.30   11.18  0.000209 ***
Residuals   15  101.0    6.73
---
Signif. codes:  0 '***' 0.001 '**' 0.01 '*' 0.05 '.' 0.1 ' ' 1
> duncan.test(aov.one.way, " treatment ", alpha = 0.05, console = TRUE)

Study: aov.one.way ~ "treatment"

Duncan's new multiple range test
for yield

Mean Square Error:   6.733333

treatment,    means

     yield      std    r       se   Min   Max   Q25   Q50    Q75
1    27.0   2.581989   4  1.297433   24    30  25.50  27.0  28.50
2    24.5   2.645751   4  1.297433   21    27  23.25  25.0  26.25
3    28.5   2.645751   4  1.297433   25    31  27.25  29.0  30.25
4    31.5   2.380476   4  1.297433   28    33  31.00  32.5  33.00
5    20.0   2.708013   4  1.297433   16    22  19.75  21.0  21.25
```

完全随机试验的
方差分析

Alpha: 0.05 ; DF Error: 15

Critical Range

2	3	4	5
3.910886	4.099664	4.216980	4.296902

Means with the same letter are not significantly different.

	Yield	groups
4	31.5	a
3	28.5	ab
1	27.0	b
2	24.5	b
5	20.0	c

（3）程序解释及结果说明

首先，根据 aov 程序运行结果，列出方差分析表（表 6-2）。

表 6-2　方差分析表

变异来源	df	SS	MS	F value	Pr（＞F）
Treatment	4	301.2	75.30	11.18	0.000209
Residuals	15	101.0	6.73		
总变异	19	402.2			

处理间的 $p<0.01$，表明施用不同种类氮肥的稻谷平均产量有极显著差异。

接下来，根据 duncan.test 程序运行结果，将多重比较结果用字母标记，见表 6-3。

表 6-3　多重比较结果

处理	平均产量	显著性（α=0.05）
A_4	31.5	a
A_3	28.5	ab
A_1	27.0	b
A_2	24.5	b
A_5	20.0	c

由表 6-3 可知处理 A_4，即施用尿素的平均产量最高，与 A_3 差异不显著，但显著高于 A_1、A_2 和 A_5 处理；处理 A_3、A_1 和 A_2 的平均产量差异不显著，但显著高于 A_5，即不施用氮肥。

6.1.3　练习题

在相同栽培条件下，3 个水稻品种的单株有效分蘖数见表 6-4。试用 R 语言检验 3 个品种有效分蘖数是否有差异。

表 6-4　3 个水稻品种的单株有效分蘖数

品种	有效分蘖数									
9311	16	12	18	18	13	11	15	10	17	18
IR64	8	9	8	8	9	9	9	8	8	10
Kos	14	12	13	14	11	13	10	10	18	9

6.2　随机区组试验的统计分析

6.2.1　aov 过程

aov(formula, data = NULL, projections = FALSE, qr = TRUE, contrasts = NULL, ...)

主要参数的含义同 6.1.1 节。

其中 formula，指定数学模型的公式，如本分析中针对指定数学模型，将采用 y~A+B 表达式，其中 y 为因变量，字母 A 和 B 分别代表因子。

6.2.2　例题

对 A、B、C、D、E、F 共 6 个玉米品种进行产量比较试验，其中 A 为对照品种，随机区组设计，4 次重复，其田间排列和产量（kg/小区）见表 6-5。对试验结果进行方差分析。

表 6-5　玉米品种比较试验的田间排列和产量　　　　　　　　单位：kg/小区

A	B	C	D	E	F	
55.3	54	57.6	54.4	53.7	57	区组 I
D	F	E	C	A	B	
56.3	57.5	53.6	58.8	54.9	55.6	区组 II
C	A	F	B	D	E	
61.6	56.2	58.2	57.6	57.3	53.9	区组 III
B	D	A	E	F	C	
58.3	57.8	56.2	54	57.6	60.8	区组 IV

（1）R 语言程序

```
library(agricolae)    #加载 agricolae 包
setwd("d:/data")
my_data <- read.csv("data_6-2.csv")
my_data$block <- factor(my_data$block)
#方差分析
aov.one.way<-aov(yield ~ block + variety, data = my_data)
summary(aov.one.way)
#多重比较
```

duncan.test(aov.one.way,"variety",alpha = 0.05, console = TRUE)

（2）运行结果

> summary(aov.one.way)

	Df	Sum Sq	Mean Sq	F value	Pr(>F)
block	3	19.87	6.623	9.455	0.000941 ***
variety	5	77.50	15.501	22.130	1.97e-06 ***
Residuals	15	10.51	0.700		

Signif. codes:　0 '***' 0.001 '**' 0.01 '*' 0.05 '.' 0.1 ' ' 1

> duncan.test(aov.one.way,"variety",alpha = 0.05, console = TRUE)

Study: aov.one.way ~ "variety"

Duncan's new multiple range test

for yield

	yield	groups
C	59.700	a
F	57.575	b
D	56.450	bc
B	56.375	bc
A(CK)	55.650	c
E	53.800	d

随机区组试验的
方差分析

（3）程序解释及结果说明

首先，根据 aov 程序运行结果，列出方差分析表（表 6-6）。

表 6-6　方差分析表

变异来源	df	SS	MS	F value	Pr（>F）
Block	3	19.87	6.623	9.455	0.000941
Variety	5	77.50	15.501	22.130	1.97e-06
Residuals	15	10.51	0.700		
总变异	23				

区组间的 $p<0.01$，表明各区组玉米产量差异极显著；品种间的 $p<0.01$，表明不同玉米品种的产量也存在极显著差异。

接下来，根据 duncan.test 程序运行结果，将品种间平均产量的多重比较结果用字母标记，见表 6-7。

表 6-7　多重比较结果

处理	平均产量	显著性（α=0.05）
C	59.700	a
F	57.575	b
D	56.450	bc
B	56.375	bc
A(CK)	55.650	c
E	53.800	d

由表 6-7 可知，品种 C 的平均产量最高，显著高于其他四个品种和对照品种 A 的平均产量；品种 F 的平均产量也显著高于对照品种 A 的平均产量，而与品种 D 和 B 差异较小；品种 D 和 B 与对照品种 A 的平均产量差异也较小；品种 E 的平均产量最低，显著低于其他四个品种和对照品种 A 的平均产量。

6.2.3　练习题

有一水稻比较试验，供试品种为 A、B、C、D、E 5 个，3 次重复，随机区组设计，小区面积为 $30m^2$，田间排列和小区平均抽穗期（播种后天数）见表 6-8，试用 R 语言对试验结果进行统计分析。

表 6-8　水稻比较试验的田间排列和产量

A	B	C	D	E	
70	65	78	64	71	区组 I
D	E	B	C	A	
63	75	68	75	71	区组 II
C	A	E	B	D	
78	71	75	69	66	区组 III

6.3　拉丁方试验的统计分析

6.3.1　aov 过程

aov(formula, data = NULL, projections = FALSE, qr = TRUE, contrasts = NULL, ...)
主要参数的含义同 6.1.1 节。

其中 formula 为指定数学模型的公式，如本分析中针对指定数学模型，将采用 y~A+B+C 表达式，其中 y 为因变量，字母 A、B 和 C 分别代表因子。

6.3.2　例题

对一水稻品种在不同时期进行外源激素喷施处理，设 5 个处理：A 不处理（对照）；B

播种期处理；C 分蘖期处理；D 开花期处理；E 灌浆期处理。采用 5×5 拉丁方设计，小区计产面积 20 m²，其田间排列和产量（kg/20 m²）见表 6-9。对试验结果进行方差分析。

表 6-9　水稻不同时期激素处理试验 5×5 拉丁方设计的田间排列和产量

C	10.1	A	7.9	B	9.8	E	7.1	D	9.6
A	7	D	10	E	7	C	9.7	B	9.1
E	7.6	C	9.7	D	10	B	9.3	A	6.8
D	10.5	B	9.6	C	9.8	A	6.6	E	7.9
B	8.9	E	8.9	A	8.6	D	10.6	C	10.1

（1）R 语言程序
```
#加载 agricolae 包
library(agricolae)
#导入数据框
setwd("d:/data")my_data <- read.csv("data_6-3.csv")
my_data$row <- factor(my_data$row)
my_data$column <- factor(my_data$column)
#方差分析
aov.one.way<-aov (yield ~ row + column + treatment, data = my_data)
summary(aov.one.way)
#多重比较
duncan.test(aov.one.way,"treatment",alpha = 0.05, console = TRUE)
```
（2）运行结果
```
> summary(aov.one.way)
             Df    Sum Sq   Mean Sq   F value    Pr(>F)
row           4     2.17     0.543     1.995     0.159
column        4     1.13     0.282     1.036     0.429
treatment     4    32.21     8.052    29.609     3.91e-06 ***
Residuals    12     3.26     0.272
---
Signif. codes:   0 '***' 0.001 '**' 0.01 '*' 0.05 '.' 0.1 ' ' 1

> duncan.test(aov.one.way,"treatment",alpha = 0.05, console = TRUE)

Study: aov.one.way ~ "treatment"

Duncan's new multiple range test
for yield
```

拉丁方试验的
方差分析

	yield	groups
D	10.14	a
C	9.88	ab
B	9.34	b
E	7.70	c
A(CK)	7.38	c

（3）程序解释及结果说明

首先，根据 aov 程序运行结果，列出方差分析表（表 6-10）。

表 6-10　方差分析表

变异来源	df	SS	MS	F value	Pr（>F）
row	4	2.17	0.543	1.995	0.159
column	4	1.13	0.282	1.036	0.429
treatment	4	32.21	8.052	29.609	3.91e-06
residuals	12	3.26	0.272		
总变异	24				

处理间的 $p < 0.01$，表明不同时期外源喷施激素水稻的产量有极显著差异。

接下来，根据 duncan.test 程序运行结果，将处理间平均产量的多重比较结果用字母标记，见表 6-11。

表 6-11　多重比较结果

处理	平均产量	显著性（$\alpha=0.05$）
D	10.14	a
C	9.88	ab
B	9.34	b
E	7.70	c
A（CK）	7.38	c

由表 6-11 可知，开花期（D）、分蘖期（C）和播种期（B）激素处理水稻的平均产量皆显著高于灌浆期（E）处理和不处理（A）的平均产量；其中，开花期（D）处理的平均产量最高，其显著高于播种期（B）处理的平均产量。

6.3.3　练习题

有一玉米种植试验，设 4 个种植密度（A_1、A_2、A_3、A_4），采用拉丁方设计，得每个小区产量（kg）于表 6-12。试用 R 语言对试验结果进行方差分析。

表 6-12 玉米不同种植密度实验 4×4 拉丁方设计的田间排列和产量

A_1	15.1	A_2	12.9	A_3	14.8	A_4	12.1
A_3	12	A_1	15	A_4	12	A_2	14.7
A_2	12.6	A_4	14.7	A_1	15	A_3	14.3
A_4	15.5	A_3	14.6	A_2	14.8	A_1	11.6

第 7 章　双因素试验的统计分析

双因素试验，即双因素交叉分组完全随机试验。不同于单因素试验，双因素试验的目的是研究两个试验因素在试验设计中各自的试验效果及（有些情况下）二者的交互效应。根据不同的试验设计，双因素试验可以分为很多类型，本书将对其中的完全随机设计、随机区组设计、巢式设计和裂区设计的统计分析过程进行讲解。

7.1　不考虑交互作用的双因素试验

若双因素试验两因素的效应之间是相互独立的；或者根据试验目的，不需要研究试验因素间的交互效应；又或者各因素水平下的观测值没有设置重复，无法研究两个试验因素间是否存在交互效应，在这些情况下，可应用不考虑交互作用的双因素试验对观测值进行统计检验，判断各因素下的各水平间是否存在统计差异。

7.1.1　R 语句格式

aov(formula, data = NULL, projections = FALSE, qr = TRUE, contrasts = NULL, ...)

其中，参数 formula 是方差分析的公式，在不考虑交互作用的双因素方差分析中即为 x~A+B；data 表示方差分析的数据框；projections 为逻辑值，表示是否返回预测结果；qr 也是逻辑值，表示是否返回 QR 分解结果；contrasts 是公式中的一些因子的对比列表。之后通过函数 summary()可显示方差分析的详细结果。

7.1.2　例题

研究 3 种不同的田间管理措施对树莓产量的影响，选择 6 个不同地块，每个地块分成 3 个小区，随机安排 3 种田间管理措施，所得产量结果见表 7-1。试进行方差分析。

表 7-1　不同地块和田间管理措施下的树莓产量

地块（A）	田间管理措施（B）		
	B1	B2	B3
A1	70	73	78
A2	90	91	93
A3	60	70	80
A4	75	80	82
A5	64	61	68
A6	83	86	86

（1）R 语言程序

```
# 创建数据框
B1 <- c(70, 90, 60, 75, 64, 83)
B2 <- c(73, 91, 70, 80, 61, 86)
B3 <- c(78, 93, 80, 82, 68, 86)
field <- c("A1", "A2", "A3", "A4", "A5", "A6")
data <- data.frame(field = field, B1 = B1, B2 = B2, B3 = B3)
# 转换数据格式
library(reshape2)
data1 <- melt(data, id = "field")
colnames(data1) <- c("A", "B", "Y")
data1$A <- as.factor(data1$A)
data1$B <- as.factor(data1$B)
#正态性和方差齐性检验
shapiro.test(data1$Y)
bartlett.test(data1$Y ~ data1$A, data = data1)
bartlett.test(data1$Y ~ data1$B, data = data1)
#双因素方差分析
aov_data1<-aov(Y~A+B, data = data1)
summary(aov_data1)
#多重比较
library(agricolae)
#对因素 A 和 B 的不同水平进行多重比较
duncan.test(aov_data1,'A', alpha = 0.05, console = TRUE)
duncan.test(aov_data1,'B', alpha = 0.05, console = TRUE)
```

（2）运行结果

```
#正态性检验
    Shapiro-Wilk normality test

data:   data1$Y
W = 0.96068, p-value = 0.6147
#方差齐性检验
    Bartlett test of homogeneity of variances

data:   data1$Y by data1$A
Bartlett's K-squared = 7.9878, df = 5, p-value = 0.1569


    Bartlett test of homogeneity of variances
```

无交互作用的双
因素试验方差分析

data: data1$Y by data1$B

Bartlett's K-squared = 0.49594, df = 2, p-value = 0.7804

#方差分析

	Df	Sum Sq	Mean Sq	F value	Pr(>F)
A	5	1481.1	296.22	23.910	2.91e-05 ***
B	2	170.1	85.06	6.865	0.0133 *
Residuals	10	123.9	12.39		

Signif. codes: 0 '***' 0.001 '**' 0.01 '*' 0.05 '.' 0.1 ' ' 1

#多重比较

对 A 因素的多重比较

Study: aov_data1 ~ "A"

Duncan's new multiple range test

for Y

Mean Square Error: 12.38889

A,   means

	Y	std	r	se	Min	Max	Q25	Q50	Q75
A1	73.66667	4.041452	3	2.032149	70	78	71.5	73	75.5
A2	91.33333	1.527525	3	2.032149	90	93	90.5	91	92.0
A3	70.00000	10.000000	3	2.032149	60	80	65.0	70	75.0
A4	79.00000	3.605551	3	2.032149	75	82	77.5	80	81.0
A5	64.33333	3.511885	3	2.032149	61	68	62.5	64	66.0
A6	85.00000	1.732051	3	2.032149	83	86	84.5	86	86.0

Alpha: 0.05 ; DF Error: 10

Critical Range

2	3	4	5	6
6.403432	6.691528	6.861110	6.969589	7.041773

Means with the same letter are not significantly different.

	Y	groups
A2	91.33333	a
A6	85.00000	ab

A4 79.00000　　　bc

A1 73.66667　　　cd

A3 70.00000　　　de

A5 64.33333　　　　e

\# 对 B 因素的多重比较

Study: aov_data1 ~ "B"

Duncan's new multiple range test

for Y

Mean Square Error:　12.38889

B,　means

	Y	std	r	se	Min	Max	Q25	Q50	Q75
B1	73.66667	11.395906	6	1.436946	60	90	65.50	72.5	81.0
B2	76.83333	11.016654	6	1.436946	61	91	70.75	76.5	84.5
B3	81.16667	8.352644	6	1.436946	68	93	78.50	81.0	85.0

Alpha: 0.05 ; DF Error: 10

Critical Range

　　　　2　　　　　　3

4.527910　4.731625

Means with the same letter are not significantly different.

	Y	groups
B3	81.16667	a
B2	76.83333	ab
B1	73.66667	b

（3）程序解释及结果说明

首先，根据 aov 程序运行结果，列出方差分析表（表 7-2）。

表 7-2　方差分析表

变异来源	df	SS	MS	F value	Pr（＞F）
A	5	1481.1	296.22	23.910	2.91e-05[***]
B	2	170.1	85.06	6.865	0.0133[*]
Residuals	10	123.9	12.39		
总变异	17				

因素 A 不同水平间的 $p < 0.01$，表明不同地块种植的树莓的产量有极显著差异。因素 B 不同水平间的 $0.05 < p < 0.01$，表明不同田间管理措施对树莓产量的影响有显著差异。

因此，对因素 A 的不同水平进行多重比较，应用 duncan.test 方法。结果用字母标记，见表 7-3。

表 7-3　A 处理多重比较结果

处理	平均产量	显著性（$\alpha=0.05$）
A2	91.33333	a
A6	85.00000	ab
A4	79.00000	bc
A1	73.66667	cd
A3	70.00000	de
A5	64.33333	e

由表 7-3 可知，地块 A2、A6 种植的树莓产量显著高于地块 A1、A3、A5 种植的树莓产量；地块 A2、A6 种植的树莓产量间没有显著差异。

对因素 B 的不同水平进行多重比较，应用 duncan.test 方法。结果用字母标记，见表 7-4。

表 7-4　B 处理多重比较结果

处理	平均产量	显著性（$\alpha=0.05$）
B3	81.16667	a
B2	76.83333	ab
B1	73.66667	b

由表 7-4 可知，田间管理措施 B3 下种植的树莓产量显著高于田间管理措施 B1 下种植的树莓产量；地块 B3、B2 种植的树莓产量间没有显著差异。

7.1.3　练习题

不同品种水稻种植于不同氮素含量的田里，进行有效分蘖数统计，结果汇总于表 7-5。试作方差分析。

表 7-5　分蘖数结果

品种（A）	氮素含量（B）		
	B1	B2	B3
A1	18	16	13
A2	10	12	11
A3	14	18	15
A4	6	8	7
A5	12	14	16

7.2 考虑交互效应的双因素完全随机试验

双因素交叉分组完全随机试验设计中，若两因素的观察值有重复的，并且各因素效应不相互独立，即不仅可研究因素内各水平间的效应，也可研究因素间的互作效应，并获得因素水平间最优组合。在这种情况下，需要应用考虑交互效应的双因素统计分析。本节针对交叉分组完全随机试验设计进行的双因素试验进行统计分析的讲解。

7.2.1 R 语句格式

aov(formula, data = NULL, projections = FALSE, qr = TRUE, contrasts = NULL, ...)
主要参数的含义同 7.1.1 节。

其中，参数 formula 是方差分析的公式，在考虑交互作用的双因素方差分析中即为 x~A*B。

7.2.2 例题

研究 3 种不同的种植密度和 3 种不同肥料对小麦产量的影响，每个实验处理重复 4 次，寻找最适的种植密度和肥料配比组合，试对表 7-6 中汇总产量进行统计分析。

表 7-6　不同种植密度和肥料下的小麦产量

肥料（A）	种植密度（B）		
	B1	B2	B3
A1	27	25	30
	30	24	31
	30	26	32
	26	28	31
A2	32	27	30
	31	26	32
	27	29	34
	28	26	32
A3	34	32	35
	32	33	35
	35	34	30
	33	36	33

（1）R 语言程序
#创建数据框
B1 <- c(27, 30, 30, 26, 32, 31, 27, 28, 34, 32, 35, 33)
B2 <- c(25, 24, 26, 28, 27, 26, 29, 26, 32, 33, 34, 36)
B3 <- c(30, 31, 32, 31, 30, 32, 34, 32, 35, 35, 30, 33)

```
nutrient <- rep(c("A1", "A2", "A3"), each = 4)
data <- data.frame(nutrient = nutrient, B1 = B1, B2 = B2, B3 = B3)
# 转换数据格式
library(reshape2)
data1 <- melt(data, id = "nutrient")
colnames(data1) <- c("A", "B", "Y")
data1$A <- as.factor(data1$A)
data1$B <- as.factor(data1$B)
#正态性和方差齐性检验
shapiro.test(data1$Y)
bartlett.test(data1$Y ~ data1$A, data = data1)
bartlett.test(data1$Y ~ data1$B, data = data1)
#双因素方差分析
aov_data1<-aov(Y~A*B, data = data1)
summary(aov_data1)
#多重比较
library(agricolae)
#对因素 A 和 B 的不同水平进行多重比较
duncan.test(aov_data1, 'A', alpha = 0.05, console = TRUE)
duncan.test(aov_data1, 'B', alpha = 0.05, console = TRUE)
duncan.test(aov_data1, trt = c("A", "B"), alpha = 0.05, console = TRUE)
```

（2）运行结果
#正态性检验

Shapiro-Wilk normality test

data: data1$Y
W = 0.95673, p-value = 0.1702
#方差齐性检验

Bartlett test of homogeneity of variances

data: data1$Y by data1$A
Bartlett's K-squared = 2.771, df = 2, p-value = 0.2502

Bartlett test of homogeneity of variances

data: data1$Y by data1$B
Bartlett's K-squared = 5.742, df = 2, p-value = 0.05664

考虑交互效应的双因素
完全随机试验方差分析

#方差分析

Call:

 aov(formula = Y ~ A * B, data = data1)

Terms:

	A	B	A:B	Residuals
Sum of Squares	176.22222	63.38889	42.27778	85.00000
Deg. of Freedom	2	2	4	27

Residual standard error: 1.774302

Estimated effects may be unbalanced

> summary(aov_data1)

	Df	Sum Sq	Mean Sq	F value	Pr(>F)
A	2	176.22	88.11	27.988	2.62e-07 ***
B	2	63.39	31.69	10.068	0.000541 ***
A:B	4	42.28	10.57	3.357	0.023557 *
Residuals	27	85.00	3.15		

Signif. codes:　0 '***' 0.001 '**' 0.01 '*' 0.05 '.' 0.1 ' ' 1

#多重比较

#对因素 A 的不同水平进行多重比较

Study: aov_data1 ~ "A"

Duncan's new multiple range test
for Y

Mean Square Error:　3.148148

A,　means

	Y	std	r	se	Min	Max	Q25	Q50	Q75
A1	28.33333	2.674232	12	0.5121969	24	32	26.00	29.0	30.25
A2	29.50000	2.713602	12	0.5121969	26	34	27.00	29.5	32.00
A3	33.50000	1.678744	12	0.5121969	30	36	32.75	33.5	35.00

Alpha: 0.05 ; DF Error: 27

Critical Range

```
        2          3
1.486255    1.561515
```

Means with the same letter are not significantly different.

```
          Y   groups
A3 33.50000     a
A2 29.50000     b
A1 28.33333     b
```
#对因素 B 的不同水平进行多重比较
Study: aov_data1 ~ "B"

Duncan's new multiple range test
for Y

Mean Square Error: 3.148148

B,   means

	Y	std	r	se	Min	Max	Q25	Q50	Q75
B1	30.41667	2.937480	12	0.5121969	26	35	27.75	30.5	32.25
B2	28.83333	3.950451	12	0.5121969	24	36	26.00	27.5	32.25
B3	32.08333	1.831955	12	0.5121969	30	35	30.75	32.0	33.25

Alpha: 0.05 ; DF Error: 27

Critical Range
```
        2          3
1.486255    1.561515
```

Means with the same letter are not significantly different.

```
          Y   groups
B3 32.08333     a
B1 30.41667     b
B2 28.83333     c
```
#对因素 A 和因素 B 的不同水平组合进行多重比较
Study: aov_data1 ~ c("A", "B")

Duncan's new multiple range test
for Y

Mean Square Error:　3.148148

A:B,　means

	Y	std	r	se	Min	Max	Q25	Q50	Q75
A1:B1	28.25	2.0615528	4	0.8871511	26	30	26.75	28.5	30.00
A1:B2	25.75	1.7078251	4	0.8871511	24	28	24.75	25.5	26.50
A1:B3	31.00	0.8164966	4	0.8871511	30	32	30.75	31.0	31.25
A2:B1	29.50	2.3804761	4	0.8871511	27	32	27.75	29.5	31.25
A2:B2	27.00	1.4142136	4	0.8871511	26	29	26.00	26.5	27.50
A2:B3	32.00	1.6329932	4	0.8871511	30	34	31.50	32.0	32.50
A3:B1	33.50	1.2909944	4	0.8871511	32	35	32.75	33.5	34.25
A3:B2	33.75	1.7078251	4	0.8871511	32	36	32.75	33.5	34.50
A3:B3	33.25	2.3629078	4	0.8871511	30	35	32.25	34.0	35.00

Alpha: 0.05 ; DF Error: 27

Critical Range

2	3	4	5	6	7	8	9
2.574270	2.704623	2.788770	2.848558	2.893476	2.928466	2.956416	2.979150

Means with the same letter are not significantly different.

	Y	groups
A3:B2	33.75	a
A3:B1	33.50	a
A3:B3	33.25	a
A2:B3	32.00	ab
A1:B3	31.00	ab
A2:B1	29.50	bc
A1:B1	28.25	cd
A2:B2	27.00	cd
A1:B2	25.75	d

（3）程序解释及结果说明

首先，根据 aov 程序运行结果，列出方差分析表（表 7-7）。

表 7-7 方差分析结果

变异来源	df	SS	MS	F value	Pr（＞F）
A	2	176.22	88.11	27.988	2.62e-07***
B	2	63.39	31.69	10.068	0.000541***
A:B	4	42.28	10.57	3.357	0.023557*
Residuals	27	85.00	3.15		
总变异	35				

因素 A 不同水平间的 $p<0.01$，表明施加不同肥料对小麦产量的影响有极显著差异。因素 B 不同水平间的 $p<0.01$，表明不同种植密度对小麦产量的影响有极显著差异。因素 A 和因素 B 互作效应的 $0.01<p<0.05$，表明因素 A 和因素 B 的不同水平组合间的小麦产量有显著差异。

因此，对因素 A 的不同水平进行多重比较，应用 duncan.test 方法。结果用字母标记见表 7-8。

表 7-8 A 处理多重比较结果

处理	平均产量	显著性（$\alpha=0.05$）
A3	33.50000	a
A2	29.50000	b
A1	28.33333	b

由表 7-8 可知，施加肥料 A3 的小麦产量显著高于施加肥料 A2、A1 的小麦产量。

对因素 B 的不同水平进行多重比较，应用 duncan.test 方法。结果用字母标记，见表 7-9。

表 7-9 B 处理多重比较结果

处理	平均产量	显著性（$\alpha=0.05$）
B3	32.08333	a
B1	30.41667	b
B2	28.83333	c

由表 7-9 可知，种植密度 B3 下收获的小麦产量显著高于种植密度 B1 下收获的小麦产量，密度 B1 的小麦产量显著高于密度 B2 的小麦产量。

对因素 A 和因素 B 的不同水平组合进行多重比较，应用 duncan.test 方法。结果用字母标记，见表 7-10。

表 7-10　AB 组合的多重比较结果

处理	平均产量	显著性（$\alpha = 0.05$）
A3:B2	33.75	a
A3:B1	33.50	a
A3:B3	33.25	a
A2:B3	32.00	ab
A1:B3	31.00	ab
A2:B1	29.50	bc
A1:B1	28.25	cd
A2:B2	27.00	cd
A1:B2	25.75	d

7.2.3　练习题

试对从不同原料和温度下发酵获得的乙醇产量（表 7-11）进行统计分析，寻找乙醇产量最高的水平组合。

表 7-11　不同原料和温度下乙醇产量

原料（A）	温度（B）		
	B1	B2	B3
A1	39	23	20
	47	18	22
	42	26	24
	40	28	20
A2	44	38	18
	60	31	17
	48	36	18
	45	36	16
A3	33	50	43
	28	59	41
	36	49	41
	29	56	40

7.3　双因素随机区组试验设计的统计分析

双因素随机区组试验和双因素完全随机试验相比，在两个研究因素的基础上，存在第三个统计因素，即区组，两个研究因素的观察值没有额外重复；不过不同于三因素完全随机试验，第三个因素（区组）和其他因素之间不存在互作效应。本节针对双因素随机区组试验设计进行统计分析的讲解。

7.3.1　R 语句格式

aov(formula, data = NULL, projections = FALSE, qr = TRUE, contrasts = NULL, ...)

主要参数的含义同 7.1.1 节。

其中，参数 formula 是方差分析的公式，在随机区组设计的双因素方差分析中即为 x~A+B*C。

7.3.2　例题

研究 3 种肥料对不同水稻品种产量的影响，选择 3 个不同地块进行随机区组试验，所得产量结果见表 7-12。试进行方差分析。

表 7-12　不同肥料下不同品种水稻的产量

区组（A）	品种（C）	肥料（B）		
		B1	B2	B3
A1	C1	14.3	15.2	17.8
	C2	17.6	17.8	21.6
A2	C1	16	16.9	18.4
	C2	18.3	17.4	20.3
A3	C1	16.6	16.6	18.2
	C2	17.9	18.2	20.5

（1）R 语言程序

```
#创建数据表
B1 <- c(14.3, 17.6, 16, 18.3, 16.6, 17.9)
B2 <- c(15.2, 17.8, 16.9, 17.4, 16.6, 18.2)
B3 <- c(17.8, 21.6, 18.4, 20.3, 18.2, 20.5)
block <- rep(c("A1", "A2","A3"), each = 2)
variety <- rep(c("C1","C2"), times = 3)
data <- data.frame(block = block, variety = variety, B1 = B1,
                   B2 = B2, B3 = B3)
# 转换数据格式
library(reshape2)
data1 <- melt(data, id = c("block", "variety"))
colnames(data1) <- c("A", "C","B", "Y")
data1$A <- as.factor(data1$A)
data1$B <- as.factor(data1$B)
data1$C <- as.factor(data1$C)
#正态性和方差齐性检验
shapiro.test(data1$Y)
```

```
bartlett.test(data1$Y ~ data1$A, data = data1)
bartlett.test(data1$Y ~ data1$B, data = data1)
bartlett.test(data1$Y ~ data1$C, data = data1)
#双因素方差分析
aov_data1<-aov(Y~A+B*C, data = data1)
summary(aov_data1)
#多重比较
library(agricolae)
#对因素 A 和 B 的不同水平进行多重比较
duncan.test(aov_data1,'B',alpha = 0.05, console = TRUE)
duncan.test(aov_data1,'C',alpha = 0.05, console = TRUE)
```

（2）运行结果

#正态性检验

　Shapiro-Wilk normality test

data:　data1$Y

W = 0.95788, p-value = 0.5612

#方差齐性检验

　Bartlett test of homogeneity of variances

data:　data1$Y by data1$A

Bartlett's K-squared = 2.0575, df = 2, p-value = 0.3575

　Bartlett test of homogeneity of variances

data:　data1$Y by data1$B

Bartlett's K-squared = 0.69878, df = 2, p-value = 0.7051

　Bartlett test of homogeneity of variances

data:　data1$Y by data1$C

Bartlett's K-squared = 0.1007, df = 1, p-value = 0.751

#因素 A、B 和 C 的各水平方差均一致。

#方差分析

	Df	Sum Sq	Mean Sq	F value	Pr(>F)
A	2	1.288	0.644	1.304	0.314
B	2	26.514	13.257	26.843	9.55e-05 ***
C	1	21.342	21.342	43.213	6.28e-05 ***
B:C	2	0.941	0.471	0.953	0.418
Residuals	10	4.939	0.494		

双因素随机区组试验
设计的方差分析

Signif. codes:　0 '***' 0.001 '**' 0.01 '*' 0.05 '.' 0.1 ' ' 1
#多重比较
#对因素 B 的不同水平进行多重比较
Study: aov_data1 ~ "B"

Duncan's new multiple range test
for Y

	Y	groups
B3	19.46667	a
B2	17.01667	b
B1	16.78333	b

#对因素 C 的不同水平进行多重比较
Study: aov_data1 ~ "C"

Duncan's new multiple range test
for Y

	Y	groups
C2	18.84444	a
C1	16.66667	b

（3）程序解释及结果说明

首先，根据 aov 程序运行结果，列出方差分析表（表 7-13）。

表 7-13　方差分析结果

变异来源	df	SS	MS	F value	Pr（>F）
A	2	1.288	0.644	1.304	0.314
B	2	26.514	13.257	26.843	9.55E-05***
C	1	21.342	21.342	43.213	6.28E-05***
B:C	2	0.941	0.471	0.953	0.418
Residuals	10	4.939	0.494		
总变异	17				

因素 A 不同水平间的 $p>0.05$，表明不同区组产量差异不显著。因素 B 不同水平间的 $p<0.01$，表明不同肥料对水稻产量的影响有极显著差异。因素 C 不同水平间的 $p<0.01$，表明不同品种的水稻产量有极显著差异。因素 B 和因素 C 互作效应的 $p>0.05$，表明因素 B 和因素 C 的不同水平组合间的水稻产量没有显著差异，因此不进行组合间的多重比较分析。

因此，对因素 B 的不同水平进行多重比较，应用 duncan.test 方法。结果用字母标记，见表 7-14。

表 7-14　处理 B 多重比较结果

处理	平均产量	显著性（α =0.05）
B3	19.46667	a
B2	17.01667	b
B1	16.78333	b

由表 7-14 可知，施加肥料 B3 的水稻产量显著高于施加肥料 B2 和 B1 的水稻产量，B2 和 B1 间产量差异不显著。

对因素 C 的不同水平进行多重比较，应用 duncan.test 方法。结果用字母标记，见表 7-15。

表 7-15　处理 C 多重比较结果

处理	平均产量	显著性（α =0.05）
C2	18.84444	a
C1	16.66667	b

由表 7-15 可知，水稻品种 C2 的产量显著高于水稻品种 C1 的产量。

7.3.3　练习题

对蓖麻的生物量进行双因素随机区组试验，两因素分别为品种和日照时间。生物量统计见表 7-16，试作统计分析。

表 7-16　不同日照时间和品种蓖麻生物量

区组（A）	品种（B）/ 日照时间（C）					
	B1			B2		
	C1	C2	C3	C1	C2	C3
A1	9.1	7.9	7.2	5.3	3.2	3.5
A2	9.5	7.7	6.9	6.5	4.4	4.2

7.4　巢式试验设计的统计分析

双因素巢式试验设计又称双因素系统分组完全随机试验设计。和之前讲过的双因素（交叉分组）完全随机试验设计不同，巢式/系统分组试验设计的两因素有一级/二级的区分，不包含因素间的交互作用，不同一级因素下的二级因素同一水平需看作是不同水平。两因素之间有从属关系，分析侧重于一级因素。

本节针对双因素系统分组完全随机试验设计进行统计分析的讲解。

7.4.1 R 语句格式

aov(formula, data = NULL, projections = FALSE, qr = TRUE, contrasts = NULL, ...)

主要参数的含义同 7.1.1 节。

其中，参数 formula 是方差分析的公式，在巢式试验设计的双因素方差分析中即为 x~ A+Error(B:A)，指定 B 与 A 的互作均方作为对因素 A 进行检验时的误差均方。

7.4.2 例题

为了检验植株叶片生物量的差异，选取 3 株植物进行叶片湿重的测量，所得结果见表 7-17。试进行方差分析。

表 7-17 不同肥料下不同品种水稻的产量

植株（A）	叶片（B）	湿重		
A1	B1	13.3	15	14.5
	B2	14.2	15.9	15.2
A2	B1	15.6	16.6	16.9
	B2	15.6	16.8	16.3
A3	B1	17.3	16.9	17.8
	B2	16.4	17.2	17.9

（1）R 语言程序

```
#创建数据表
C1 <- c(13.3, 14.2, 15.6, 15.6, 17.3, 16.4)
C2 <- c(15, 15.9, 16.6, 16.8, 16.9, 17.2)
C3 <- c(14.5, 15.2, 16.9, 16.3, 17.8, 17.9)
plant <- rep(c("A1", "A2","A3"), each = 2)
leaf <- rep(c("B1","B2"), times = 3)
data <- data.frame(plant = plant, leaf = leaf, C1 = C1,
                   C2 = C2, C3 = C3)
# 转换数据格式
library(reshape2)
data1 <- melt(data, id = c("plant", "leaf"))
colnames(data1) <- c("A", "B","C", "Y")
data1$A <- as.factor(data1$A)
data1$B <- as.factor(data1$B)
#正态性和方差齐性检验
shapiro.test(data1$Y)
bartlett.test(data1$Y ~ data1$A, data=data1)
bartlett.test(data1$Y ~ data1$B, data=data1)
```

#方差分析

aov_data1<-aov(Y~A+Error(B:A), data=data1)

summary(aov_data1)

#多重比较

library(agricolae)

#对因素 A 的不同水平进行多重比较

df = 3; MSerror = 0.37   #指定多重比较的自由度与标准误

with(data1,duncan.test(Y, A, df, MSerror, group=TRUE, console = T))

（2）运行结果

#正态性检验

Shapiro-Wilk normality test

data: data1$Y

W = 0.96154, p-value = 0.6317

#方差齐性检验

Bartlett test of homogeneity of variances

巢式试验设计的
方差分析

data: data1$Y by data1$A

Bartlett's K-squared = 1.3524, df = 2, p-value = 0.5085

Bartlett test of homogeneity of variances

data: data1$Y by data1$B

Bartlett's K-squared = 0.65064, df = 1, p-value = 0.4199

#因素 A 和 B 的各水平方差一致

#方差分析

Error: B:A

	Df	Sum Sq	Mean Sq	F value	Pr(>F)
A	2	20.21	10.10	27.31	0.0119 *
Residuals	3	1.11	0.37		

Signif. codes: 0 '***' 0.001 '**' 0.01 '*' 0.05 '.' 0.1 ' ' 1

Error: Within

	Df	Sum Sq	Mean Sq	F value	Pr(>F)
Residuals	12	6.173	0.5144		

#因素 A 的各水平间有显著差异

#多重比较

#对因素 A 的不同水平进行多重比较

Study: Y ~ A

Duncan's new multiple range test
for Y

Mean Square Error: 0.37

A,   means

	Y	std	r	se	Min	Max	Q25	Q50	Q75
A1	14.68333	0.8975894	6	0.2483277	13.3	15.9	14.275	14.75	15.150
A2	16.30000	0.5796551	6	0.2483277	15.6	16.9	15.775	16.45	16.750
A3	17.25000	0.5612486	6	0.2483277	16.4	17.9	16.975	17.25	17.675

Alpha: 0.05 ; DF Error: 3

Critical Range
2	3
1.117638	1.121362

Means with the same letter are not significantly different.

	Y	groups
A3	17.25000	a
A2	16.30000	a
A1	14.68333	b

（3）程序解释及结果说明

首先，根据 aov 程序运行结果，列出方差分析表（表 7-18）。

表 7-18　方差分析结果

变异来源	df	SS	MS	F value	Pr（＞F）
A	2	20.208	10.104	27.31	0.0119*
A:B	3	1.110	0.370		
Residuals	12	6.173	0.514		
总变异	17				

注：“*”表明因素 A 的不同水平间差异达显著水平。

因素 A 不同水平间的 $0.01 < p < 0.05$，表明不同植株的叶片湿重有显著差异。

因此，对因素 A 的不同水平进行多重比较，应用 duncan.test 方法。结果用字母标记，见表 7-19。

表 7-19 A 处理多重比较结果

处理	平均产量	显著性（α=0.05）
A3	17.25000	a
A2	16.30000	a
A1	14.68333	b

由表 7-19 可知，植株 A3、A2 的叶片湿重显著高于植株 A1 的叶片湿重。

7.4.3 练习题

对杂交水稻的干物质重量进行测定，每个品种取 2 个样点。生物量统计见表 7-20。试作统计分析。

表 7-20 不同品种和不同样点水稻生物量

品种（A）	样点（B）	干物质重量		
A1	B1	7.6	8.5	9.4
	B2	10.6	9.7	11.9
A2	B1	12.8	10.9	11.6
	B2	14.9	15.4	12.6
A3	B1	5.5	6	7.3
	B2	6.8	7.3	8.3

7.5 裂区试验设计的统计分析

双因素裂区试验设计中将双因素分为主区因素、副区因素，根据重复数设置随机区组，因此方差分析时有三个因素，其中区组和两个研究因素间不存在互作效应，副区因素和主区因素间存在从属关系，需要在主区因素下考虑主副区的互作效应。本节针对双因素裂区试验设计进行统计分析的讲解。

7.5.1 R 语句格式

aov(formula, data = NULL, projections = FALSE, qr = TRUE, contrasts = NULL, ...)
主要参数的含义同 7.1.1 节。
其中，参数 formula 是方差分析的公式，在裂区试验设计的双因素方差分析中即为 x~A+C+A:C+B+C:B。

7.5.2 例题

对不同菜椒品种进行施肥量的试验，设置 3 个重复（区组），将施肥量设置为主区因素，品种设置为副区因素进行试验。所得产量结果见表 7-21。试进行方差分析。

表 7-21　不同施肥量下不同菜椒品种的产量

区组（A）	施肥量（C）	品种（B）		
		B1	B2	B3
A1	C1	55.5	45.6	40.8
	C2	44.9	49.5	28.2
	C3	39.6	35.8	24.9
A2	C1	70.6	56.8	36.9
	C2	46.8	36.9	27.9
	C3	44.9	40.1	25.7
A3	C1	65.4	57.4	38.9
	C2	49.1	35.9	26.7
	C3	44.8	44.9	26.9

（1）R 语言程序

```
#创建数据表
B1 <- c(55.5, 44.9, 39.6, 70.6, 46.8, 44.9, 65.4, 49.1, 44.8)
B2 <- c(45.6, 49.5, 35.8, 56.8, 36.9, 40.1, 57.4, 35.9, 44.9)
B3 <- c(40.8, 28.2, 24.9, 36.9, 27.9, 25.7, 38.9, 26.7, 26.9)
block <- rep(c("A1", "A2","A3"), each = 3)
nutrient <- rep(c("C1","C2", "C3"), times = 3)
data <- data.frame(block = block, nutrient = nutrient, B1 = B1,
                   B2 = B2, B3 = B3)
# 转换数据格式
library(reshape2)
data1 <- melt(data, id = c("block", "nutrient"))
colnames(data1) <- c("A", "C","B", "Y")
data1$A <- as.factor(data1$A)
data1$B <- as.factor(data1$B)
data1$C <- as.factor(data1$C)
#正态性和方差齐性检验
shapiro.test(data1$Y)
bartlett.test(data1$Y ~ data1$A, data = data1)
bartlett.test(data1$Y ~ data1$B, data = data1)
```

bartlett.test(data1$Y ~ data1$C, data = data1)

#方差分析

aov_data1<-aov(Y~A+C+A:C+B+C:B, data = data1)

summary(aov_data1)

#多重比较

library(agricolae)

#对各因素的不同水平进行多重比较

df = 4; MSerror = 32.6   #指定多重比较的自由度与标准误

with(data1,duncan.test(Y, C, df, MSerror, group = TRUE, console = T))

duncan.test(aov_data1,"B",alpha = 0.05, console=TRUE)

duncan.test(aov_data1,trt = c("C", "B"),alpha = 0.05, console = T)

（2）运行结果

#正态性检验

Shapiro-Wilk normality test

data: data1$Y

W = 0.9523, p-value = 0.2437

#方差齐性检验

Bartlett test of homogeneity of variances

data: data1$Y by data1$A

Bartlett's K-squared = 1.0092, df = 2, p-value = 0.6038

Bartlett test of homogeneity of variances

data: data1$Y by data1$B

Bartlett's K-squared = 1.9493, df = 2, p-value = 0.3773

Bartlett test of homogeneity of variances

data: data1$Y by data1$C

Bartlett's K-squared = 0.99723, df = 2, p-value = 0.6074

#方差分析

	Df	Sum Sq	Mean Sq	F value	Pr(>F)
A	2	41.5	20.8	1.092	0.367
C	2	1292.7	646.4	33.960	1.15e-05 ***
B	2	1979.1	989.6	51.992	1.23e-06 ***
A:C	4	130.6	32.6	1.715	0.211
C:B	4	62.9	15.7	0.826	0.533
Residuals	12	228.4	19.0		

裂区试验设计的
方差分析

Signif. codes: 0 '***' 0.001 '**' 0.01 '*' 0.05 '.' 0.1 ' ' 1

#多重比较

#对因素 C 的不同水平进行多重比较

Study: Y ~ C

Duncan's new multiple range test
for Y

Mean Square Error: 32.6

C,   means

	Y	std	r	se	Min	Max	Q25	Q50	Q75
C1	51.98889	12.020758	9	1.903214	36.9	70.6	40.8	55.5	57.4
C2	38.43333	9.421916	9	1.903214	26.7	49.5	28.2	36.9	46.8
C3	36.40000	8.487785	9	1.903214	24.9	44.9	26.9	39.6	44.8

Alpha: 0.05 ; DF Error: 4

Critical Range

2	3
7.472975	7.636725

Means with the same letter are not significantly different.

	Y	groups
C1	51.98889	a
C2	38.43333	b
C3	36.40000	b

#对因素 B 的不同水平进行多重比较

Study: aov_data1 ~ "B"

Duncan's new multiple range test
for Y

Mean Square Error: 19.03259

B,   means

	Y	std	r	se	Min	Max	Q25	Q50	Q75
B1	51.28889	10.458782	9	1.454212	39.6	70.6	44.9	46.8	55.5
B2	44.76667	8.442452	9	1.454212	35.8	57.4	36.9	44.9	49.5
B3	30.76667	6.233177	9	1.454212	24.9	40.8	26.7	27.9	36.9

Alpha: 0.05 ; DF Error: 12

Critical Range

2	3
4.480873	4.690188

Means with the same letter are not significantly different.

	Y	groups
B1	51.28889	a
B2	44.76667	b
B3	30.76667	c

#对因素 C 和因素 B 的不同水平组合进行多重比较
Study: aov_data1 ~ c("C", "B")

Duncan's new multiple range test
for Y

Mean Square Error:　19.03259

C:B,　means

	Y	std	r	se	Min	Max	Q25	Q50	Q75
C1:B1	63.83333	7.6709408	3	2.518769	55.5	70.6	60.45	65.4	68.00
C1:B2	53.26667	6.6463022	3	2.518769	45.6	57.4	51.20	56.8	57.10
C1:B3	38.86667	1.9502137	3	2.518769	36.9	40.8	37.90	38.9	39.85
C2:B1	46.93333	2.1031722	3	2.518769	44.9	49.1	45.85	46.8	47.95
C2:B2	40.76667	7.5797977	3	2.518769	35.9	49.5	36.40	36.9	43.20
C2:B3	27.60000	0.7937254	3	2.518769	26.7	28.2	27.30	27.9	28.05
C3:B1	43.10000	3.0315013	3	2.518769	39.6	44.9	42.20	44.8	44.85
C3:B2	40.26667	4.5522888	3	2.518769	35.8	44.9	37.95	40.1	42.50
C3:B3	25.83333	1.0066446	3	2.518769	24.9	26.9	25.30	25.7	26.30

Alpha: 0.05 ; DF Error: 12

Critical Range

2	3	4	5	6	7	8	9
7.761100	8.123644	8.343304	8.488684	8.589512	8.661199	8.712675	8.749533

Means with the same letter are not significantly different.

	Y	groups
C1:B1	63.83333	a
C1:B2	53.26667	b
C2:B1	46.93333	bc
C3:B1	43.10000	c
C2:B2	40.76667	c
C3:B2	40.26667	c
C1:B3	38.86667	c
C2:B3	27.60000	d
C3:B3	25.83333	d

（3）程序解释及结果说明

首先，根据 aov 程序运行结果，列出方差分析表（表 7-22）。

表 7-22　方差分析表

	变异来源	df	SS	MS	F value	Pr（>F）
主区	A	2	41.5	20.8	1.092	0.367
	C	2	1292.7	646.4	33.96	1.15e-05***
	A:C	4	130.6	32.6	1.715	0.211
副区	B	2	1979.1	989.6	51.992	1.23e-06***
	C:B	4	62.9	15.7	0.826	0.533
	Residuals	12	228.4	19		

因素 A 不同水平间的 $p>0.05$，表明区组间没有显著差异。因素 C 不同水平间的 $p<0.01$，表明不同施肥量对产量影响有极显著差异。因素 C 下的因素 B 的不同水平间的 $p<0.01$，表明不同施肥量下的不同品种间的产量有极显著差异。

因此，对因素 C 的不同水平进行多重比较，应用 duncan.test 方法。结果用字母标记，见表 7-23。

表 7-23　C 处理多重比较结果

处理	平均产量	显著性（$\alpha=0.05$）
C1	51.98889	a
C2	38.43333	b
C3	36.40000	b

由表 7-23 可知，施肥量 C1 下的菜椒产量显著高于其他两个施肥量下的菜椒产量。

对因素 C 下的因素 B 的不同水平进行多重比较，应用 duncan.test 方法。结果用字母标记，见表 7-24。

表 7-24　B 处理多重比较结果

处理	平均产量	显著性（α=0.05）
B1	51.28889	a
B2	44.76667	b
B3	30.76667	c

由表 7-24 可知，品种 B1 的菜椒产量显著高于 B2，而 B2 品种显著高于 B3。

7.5.3　练习题

对某玉米品种进行种植密度和施肥量的试验，设置 3 个重复（区组），将施肥量设置为主区因素，种植密度设置为副区因素进行试验。所得产量结果见表 7-25。试进行方差分析。

表 7-25　不同施肥量和种植密度下玉米产量

区组（A）	施肥量（C）	品种（B）		
		B1	B2	B3
	C1	9.3	10.5	11.5
A1	C2	13.9	12.5	13.8
	C3	9.5	11.9	14.7
	C1	10.8	12.5	12.8
A2	C2	11.5	11.3	14.6
	C3	15.7	15.7	15.9
	C1	7.6	12.7	13.7
A3	C2	10.7	13.6	13.5
	C3	13.8	14.7	15.8

第8章　三因素试验的统计分析

第 6 章介绍了利用 R 语言进行方差分析的基本语句，第 7 章介绍了如何利用 R 语言进行双因素的方差分析。但是如果面对更复杂的试验设计，如三因素完全随机试验，多年多点的试验资料如何利用 R 语言进行方差分析，并解决实际问题呢？

两种情况均可采用 aov 程序完成，对于第二种情况先进行方差的一致性检验，然后根据方差齐性完成 t 检验过程。

8.1　三因素完全随机试验的统计分析

8.1.1　aov 过程

（1）语句格式

aov(formula, data = NULL, projections = FALSE, qr = TRUE, contrasts = NULL, ...)
主要参数的含义同 6.1.1 节。

其中，参数 formula 是方差分析的公式，在裂区试验设计的双因素方差分析中即为 x~ A*B*C。

8.1.2　例题

现有三个玉米品种在温室内进行不同赤霉素浓度喷施和两种不同遮光条件处理的试验，完全随机试验设计，每个处理 5 个单株，测量处理 30 天后的株高。其中品种为 A 因素：A1，A2 和 A3；赤霉素浓度为 B 因素：B1 和 B2；遮光条件为 C 因素：C1 和 C2；共计 $3 \times 2 \times 2 = 12$ 个处理。调查的株高结果见表 8-1。试分析不同处理的效应差异。

表 8-1　三因素试验的玉米苗高结果

A	B	C	株高/cm				
A1	B1	C1	82.5	99.6	103.4	94.2	100.2
		C2	78.5	90.3	88	95	96.6
	B2	C1	155.5	180.2	167.9	165.8	186
		C2	143.6	121.5	132.5	122.2	147.6
A2	B1	C1	95.9	93	77	92	88.8
		C2	79.2	79.4	90.1	90.8	85.2
	B2	C1	142.7	173.3	163	132.1	147.4
		C2	141.2	137.6	113.5	92.2	102.5

A	B	C	株高/cm				
A3	B1	C1	97	91.1	91.1	80.9	82.2
		C2	82.2	55.3	75	77.5	64.7
	B2	C1	205.2	194.5	178	207.3	215.8
		C2	137.4	157.5	137.9	147.5	127.6

（1）R 语言程序

```
library(agricolae)
setwd("d:/data")
mydata <- read.table("8_1.csv", header = TRUE, sep = ",")
mydata$A <- factor(mydata$A)
mydata$B <- factor(mydata$B)
mydata$C <- factor(mydata$C)
model1 <- aov(PH ~ A*B*C, data = mydata)
summary(model1)
compari1 <- duncan.test(model1, "A", alpha = 0.05, console = TRUE)
compari2 <- duncan.test(model1, "B", alpha = 0.05, console = TRUE)
compari3 <- duncan.test(model1, "C", alpha = 0.05, console = TRUE)
#对不同因素水平的组合间进行多重比较
 duncan.test(model1, trt = c("A","B"), alpha = 0.05, console = TRUE)
```

（2）运行结果

　　# 方差分析结果

	Df	Sum Sq	Mean Sq	F value	Pr(>F)
A	2	2354	1177	8.173	0.000882***
B	1	65360	65360	453.839	<2e-16***
C	1	10494	10494	72.867	3.45e-11***
A:B	2	5110	2555	17.741	1.70e-06***
A:C	2	1026	513	3.562	0.036094*
B:C	1	4357	4357	30.255	1.44e-06***
A:B:C	2	92	46	0.321	0.727109
Residuals	48	6913	144		

Signif. codes:　0 '***' 0.001 '**' 0.01 '*' 0.05 '.' 0.1 ' ' 1

 # compari1 的结果

Study: model1 ~ "A"

三因素完全随机
试验的方差分析

	PH	std	r	se	Min	Max	Q25	Q50	Q75
A1	122.555	34.74750	20	2.683425	78.5	186.0	94.800	112.45	149.575

A2	110.845	30.34326	20	2.683425	77.0 173.3	89.775	94.45	138.500
A3	125.285	52.77478	20	2.683425	55.3 215.8	81.875	112.30	162.625

Alpha: 0.05 ; DF Error: 48

Critical Range
2	3
7.630231	8.024859

Means with the same letter are not significantly different.

	PH	groups
A3	125.285	a
A1	122.555	a
A2	110.845	b

compari2 的结果
Study: model1 ~ "B"

Duncan's new multiple range test
for PH

Mean Square Error: 144.0154

B,   means

	PH	std	r	se	Min	Max	Q25	Q50	Q75
B1	86.55667	10.58811	30	2.191008	55.3	103.4	79.775	89.45	93.90
B2	152.56667	30.56666	30	2.191008	92.2	215.8	133.725	147.45	171.95

Alpha: 0.05 ; DF Error: 48

Critical Range
2
6.230057

Means with the same letter are not significantly different.

	PH	groups
B2	152.56667	a

B1   86.55667   b

compari3 的结果

Study: model1 ~ "C"

Duncan's new multiple range test
for PH

Mean Square Error: 144.0154

C,   means

	PH	std	r	se	Min	Max	Q25	Q50	Q75
C1	132.7867	45.87499	30	2.191008	77.0	215.8	92.25	117.75	171.950
C2	106.3367	28.87625	30	2.191008	55.3	157.5	82.95	95.80	136.175

Alpha: 0.05 ; DF Error: 48

Critical Range
           2
6.230057

Means with the same letter are not significantly different.

	PH	groups
C1	132.7867	a
C2	106.3367	b

对不同因素水平的组合间进行多重比较的结果

Study: model1 ~ c("A", "B")

Duncan's new multiple range test
for PH

Mean Square Error: 144.0154

A:B,   means

	PH	std	r	se	Min	Max	Q25	Q50	Q75
A1:B1	92.83	7.989305	10	3.794936	78.5	103.4	88.575	94.60	98.850

A1:B2	152.28	22.838603	10	3.794936	121.5	186.0	135.275	151.55	167.375
A2:B1	87.14	6.575578	10	3.794936	77.0	95.9	80.850	89.45	91.700
A2:B2	134.55	25.529645	10	3.794936	92.2	173.3	118.150	139.40	146.225
A3:B1	79.70	12.562908	10	3.794936	55.3	97.0	75.625	81.55	88.875
A3:B2	170.87	33.229975	10	3.794936	127.6	215.8	140.300	167.75	202.525

Alpha: 0.05 ; DF Error: 48

Critical Range

2	3	4	5	6
10.79078	11.34886	11.71551	11.98103	12.18465

Means with the same letter are not significantly different.

	PH	groups
A3:B2	170.87	a
A1:B2	152.28	b
A2:B2	134.55	c
A1:B1	92.83	d
A2:B1	87.14	de
A3:B1	79.70	e

（3）程序解释及结果说明

本例题中，整理分析结果，列出方差分析表（表 8-2）。

表 8-2　方差分析表

变异来源	df	SS	MS	F	Pr(>F)
A	2	2354	1177	8.173**	8.82e-04
B	1	65360	65360	453.839**	< 2e-16
C	1	10494	10494	72.867**	3.45e-11
A:B	2	5110	2555	17.741**	1.70e-06
A:C	2	1026	513	3.562*	3.61e-02
B:C	1	4357	4357	30.255**	1.44e-06
A:B:C	2	92	46	0.321	7.27e-01
Residuals	48	6913	144		
总变异	59	95706			

因为因素 A、B、C、A:B 和 B:C 的 $p<0.01$，表明品种 A 因素、赤霉素浓度 B 因素、遮光条件 C 因素，品种与赤霉素浓度的互作和赤霉素浓度与遮光条件的互作均达到极显著水平差异；A:C 的 $p<0.05$，表明品种和遮光条件的互作差异达显著水平。

进行多重比较分析结果的总结。

品种 A 因素各水平平均数的多重比较。各品种株高平均值的多重比较见表 8-3。结果表明，A3 和 A1 之间株高差异不显著，但显著高于 A2。

表 8-3　各品种间株高多重比较表（SSR 法）

品种	平均株高/cm	显著性（0.05 水平）
A3	125.285	a
A1	122.555	a
A2	110.845	b

赤霉素浓度 B 因素各水平平均数的多重比较。各赤霉素浓度株高平均值的多重比较见表 8-4。结果表明，B2 显著高于 B1。

表 8-4　各赤霉素浓度间株高多重比较表（SSR 法）

赤霉素浓度	平均株高/cm	显著性（0.05 水平）
B2	152.5667	a
B1	86.55667	b

遮光条件 C 因素各水平平均数的多重比较。各遮光条件下株高平均值的多重比较见表 8-5。结果表明，C1 显著高于 C2。

表 8-5　各赤霉素浓度间株高多重比较表（SSR 法）

遮光条件	平均株高/cm	显著性（0.05 水平）
C1	132.7867	a
C2	106.3367	b

A 和 B 因素各水平组合间平均数的多重比较。表 8-6 表明，组合 A3:B2 的平均株高最高，显著高于其他组合；A1:B2 组合和 A2:B2 次之；A1:B1 组合与 A2:B1 组合差异不显著，但显著高于 A3:B1；A2:B1 组合和 A3:B1 组合差异不显著。

表 8-6　各赤霉素浓度间株高多重比较表（Duncan 法）

品种与赤霉素浓度间组合	平均株高/cm	显著性（0.05 水平）
A3:B2	170.87	a
A1:B2	152.28	b
A2:B2	134.55	c
A1:B1	92.83	d
A2:B1	87.14	de
A3:B1	79.7	e

8.1.3 练习题

使用包衣剂对玉米种子进行处理实验，使用了三个品种的玉米种子，分别用三种不同的包衣剂，处理时间设置为两个处理时间。于播种后 30 天对每处理取两份样品，每样品含 10 株测其干重（表 8-7），试做处理间差异显著性分析。

表 8-7　三个品种三种包衣剂两种处理时间播种后 30 天的玉米苗干重

品种 A	包衣剂 B	处理时间 C	干重/g	
A1	B1	C1	82.5	99.4
A1	B1	C2	78.5	90.4
A1	B2	C1	156.2	180.3
A1	B2	C2	144.7	122.3
A1	B3	C1	103.6	93.4
A1	B3	C2	88.4	95.2
A2	B1	C1	95.5	94.8
A2	B1	C2	80.6	80.7
A2	B2	C1	143.9	174
A2	B2	C2	140.5	137.6
A2	B3	C1	96.8	91.5
A2	B3	C2	81.8	55.1
A3	B1	C1	96.2	90.8
A3	B1	C2	83.4	57
A3	B2	C1	205.8	195.8
A3	B2	C2	138.7	159.4
A3	B3	C1	91.7	79.9
A3	B3	C2	74.8	78.5

8.2　三因素完全随机区组试验统计分析

8.2.1　aov 过程

语句格式：

aov(formula, data = NULL, projections = FALSE, qr = TRUE, contrasts =NULL, ...)

主要参数的含义同 6.1.1 节。

其中，参数 formula 是方差分析的公式，在三因素完全随机区组设计的方差分析中即为 x~ REP+A*B*C，REP 为区组因素。

8.2.2 例题

有一随机区组实验，选取两个玉米品种（A）、两种播期（B）、三种密度（C）进行品种比较实验，小区计产面积 30 m²，数据见表 8-8，试分析处理效应的差异。

表 8-8　两个玉米品种两种播期三种种植密度三个区组玉米小区产量

品种（A）	播种期（B）	种植密度（C）	小区产量/kg		
			区组 1	区组 2	区组 3
A1	B1	C1	30.00	35.00	32.50
A1	B1	C2	30.00	27.50	27.50
A1	B1	C3	25.00	22.50	22.50
A1	B2	C1	25.00	22.50	22.50
A1	B2	C2	22.50	22.50	20.00
A1	B2	C3	15.00	15.00	17.50
A2	B1	C1	5.00	5.00	10.00
A2	B1	C2	10.00	7.50	10.00
A2	B1	C3	17.50	40.00	17.50
A2	B2	C1	5.00	5.00	7.50
A2	B2	C2	7.50	10.00	12.50
A2	B2	C3	12.50	17.50	17.50

（1）R 语言程序

```
library(agricolae)
setwd("d:/data")
mydata<-read.table("8_2.csv", header = TRUE, sep = ",")
mydata$A <- factor(mydata$A)
mydata$B <- factor(mydata$B)
mydata$C <- factor(mydata$C)
mydata$REP <- factor(mydata$REP)
model1<-aov(x ~ REP+A*B*C, data = mydata)
summary(model1)
compari1<-duncan.test(model1, "A", alpha = 0.05, console = TRUE)
compari2<-duncan.test(model1, "B", alpha = 0.05, console = TRUE)
#对不同因素水平的组合间进行多重比较
TukeyHSD(model1, "A:B")
```

（2）运行结果

三因素完全随机区组试验的方差分析

方差分析结果

	Df	Sum Sq	Mean Sq	F value	Pr(>F)
REP	2	26.0	13.0	0.718	0.498798

A	1	1314.1	1314.1	72.462	2.07e-08***
B	1	264.1	264.1	14.561	0.000944***
C	2	63.5	31.8	1.752	0.196777
A:B	1	50.2	50.2	2.767	0.110423
A:C	2	809.4	404.7	22.316	5.08e-06***
B:C	2	44.8	22.4	1.235	0.310228
A:B:C	2	46.2	23.1	1.273	0.299745
Residuals	22	399.0	18.1		

Signif. codes: 0 '***' 0.001 '**' 0.01 '*' 0.05 '.' 0.1 ' ' 1

compari1 的结果

Study: model1 ~ "A"

Duncan's new multiple range test
for x

Mean Square Error: 18.13447

A,   means

	x	std	r	se	Min	Max	Q25	Q50	Q75
A1	24.16667	5.557189	18	1.003728	15	35	22.5	22.5	27.50
A2	12.08333	8.324750	18	1.003728	5	40	7.5	10.0	16.25

Alpha: 0.05 ; DF Error: 22

Critical Range
        2
2.943834

Means with the same letter are not significantly different.

	x	groups
A1	24.16667	a
A2	12.08333	b

compari2 的结果

Study: model1 ~ "B"

Duncan's new multiple range test

for x

Mean Square Error: 18.13447

B,   means

	x	std	r	se	Min	Max	Q25	Q50	Q75
B1	20.83333	10.947737	18	1.003728	5	40	10.000	22.50	29.375
B2	15.41667	6.488111	18	1.003728	5	25	10.625	16.25	21.875

Alpha: 0.05 ; DF Error: 22

Critical Range
          2
2.943834

Means with the same letter are not significantly different.

	x	groups
	x	groups
B1	20.83333	a
B2	15.41667	b

对不同因素水平的组合间进行多重比较的结果
Study: model1 ~ c("A", "B")

Duncan's new multiple range test
for x

Mean Square Error: 18.13447

A:B,   means

	x	std	r	se	Min	Max	Q25	Q50	Q75
A1:B1	28.05556	4.289846	9	1.419486	22.5	35.0	25.0	27.5	30.0
A1:B2	20.27778	3.632416	9	1.419486	15.0	25.0	17.5	22.5	22.5
A2:B1	13.61111	10.905210	9	1.419486	5.0	40.0	7.5	10.0	17.5
A2:B2	10.55556	4.805234	9	1.419486	5.0	17.5	7.5	10.0	12.5

Alpha: 0.05 ; DF Error: 22

Critical Range

2	3	4
4.163210	4.371438	4.504521

Means with the same letter are not significantly different.

	x	groups
A1:B1	28.05556	a
A1:B2	20.27778	b
A2:B1	13.61111	c
A2:B2	10.55556	c

（3）程序解释及结果说明

本例题中，整理分析结果，列出方差分析表（表 8-9）。

表 8-9　方差分析表

变异来源	df	SS	MS	F	Pr(>F)
REP	2	26.0	13.0	0.718	0.498798
A	1	1314.1	1314.1	72.462**	2.07e-08
B	1	264.1	264.1	14.561**	0.000944
C	2	63.5	31.8	1.752	0.196777
A:B	1	50.2	50.2	2.767	0.110423
A:C	2	809.4	404.7	22.316**	5.08e-06
B:C	2	44.8	22.4	1.235	0.310228
A:B:C	2	46.2	23.1	1.273	0.299745
Residuals	22	399.0	18.1		
总变异	35	3017.3			

因为因素 A、B 和 A:C 的 $p<0.01$，表明品种 A 因素、播种期 B 因素、品种与种植密度间的互作达到极显著水平差异，有必要对 A、B 和 A:C 进行多重比较。

进行多重比较分析的结果如下：

品种 A 因素各水平平均数的多重比较。各品种产量平均值的多重比较见表 8-10。结果表明，A1 和 A2 之间产量差异显著，A1 显著高于 A2。

表 8-10　各品种间株高多重比较表（Duncan 法）

品种	小区产量/kg	显著性（0.05 水平）
A1	24.16667	a
A2	12.08333	b

播种期 B 因素各水平平均数的多重比较。各品种产量平均值的多重比较见表 8-11。结果表明，B1 和 B2 之间产量差异显著，B1 显著高于 B2。

表 8-11   不同播种期间产量的多重比较表（Duncan 法）

播种期	小区产量/kg	显著性（0.05 水平）
B1	20.83333	a
B2	15.41667	b

对品种 A 与密度 B 间的互作进行多重比较。表 8-12 表明，组合 A1:B1 的平均株高最高，显著高于其他组合；A1:B2 组合其次，显著高于其他组合；A2:B1 组合和 A2:B2 组合差异不显著。

表 8-12   品种 A 与密度 B 间互作产量的多重比较表（Duncan 法）

品种与密度间组合	平均株高/cm	显著性（0.05 水平）
A1:B1	28.05556	a
A1:B2	20.27778	b
A2:B1	13.61111	c
A2:B2	10.55556	c

8.2.3   练习题

将水稻的 3 个不同细胞质源的不育系（A1，A2，A3）和 5 个恢复系（B1，B2，B3，B4，B5）杂交，配成 15 个 F_1，随机区组设计，重复 2 次，产量结果见表 8-13，试进行三因素方差分析，并分析 A 因素与 B 因素间的互作。

表 8-13   不育系 A 与恢复系 B 组配的杂交组合的产量

不育系 A	恢复系 B	区组 I	区组 II
A1	B1	4.3	4.1
A1	B2	4.9	4.8
A1	B3	3.9	3.6
A1	B4	4.8	4
A1	B5	4.7	4.5
A2	B1	5.2	4.7
A2	B2	5	5.2
A2	B3	3.8	3.4
A2	B4	4.9	4.8
A2	B5	5	5.8
A3	B1	4.6	4.7
A3	B2	4.4	4.2
A3	B3	3.5	3.4
A3	B4	3.4	3.6
A3	B5	3.7	4.2

第9章 正交设计试验的统计分析

前面三章介绍的是一个因素、两个因素和三个因素的试验，由于因素较少，实验设计、实施与分析都比较简单，因此可以考察不同因素的所有水平组合，即全面试验。但在实际研究中，常常需要同时考察三个或三个以上的试验因素，如果进行全面试验，就会造成实验次数过多的问题。因此，在实际应用中，对于多因素做全面试验是不现实的，一般会利用试验设计方法选择其中一部分组合进行试验，使得试验次数不多，但也能得到比较满意的结果。正交设计就是常用的一种试验设计方法。

正交设计是利用一系列规格化的表格来安排试验因素及处理的试验方法。例如正交表 $L_9(3^4)$，L 表示正交表；9 表示正交表的行数，代表试验次数；4 是正交表的列数，表示最多可以安排的因素个数；3 是因素的水平数，表示此表可以安排三水平的试验。对于正交设计试验数据，一般采用方差分析法进行显著性检验。

9.1 不考虑交互效应的正交试验的方差分析

9.1.1 aov 过程

语句格式：

aov(formula, data = NULL, projections = FALSE, qr = TRUE, contrasts =NULL, ...)

主要参数的含义同 6.1.1 节。

在不考虑交互作用的正交试验方差分析中，formula 采用 y~A+B+C+…，其中 y 是因变量，字母 A、B、C 代表不同因素，根据试验中因素数目设定。

9.1.2 例题

为了研究 3 种生长素（Ⅰ、Ⅱ、Ⅲ）在 3 种不同光照（自然光、自然光加人工光照、人工光照）下对 3 个小麦品种（早熟、中熟、晚熟）产量的影响，利用正交表 $L_9(3^4)$ 安排试验方案，各处理只进行一次，试验结果列于表 9-1 中。对试验结果进行方差分析。

表 9-1 正交试验方案及结果

处理	因素			产量/（kg/亩）
	A	B	C	
	1 列	2 列	3 列	
1	生长素Ⅰ（1）	自然光（1）	早熟（1）	299
2	生长素Ⅰ（1）	自然光加人工照光（2）	中熟（2）	259
3	生长素Ⅰ（1）	人工照光（3）	晚熟（3）	376.5

处理	因素			产量/（kg/亩）
	A	B	C	
	1 列	2 列	3 列	
4	生长素Ⅱ（2）	自然光（1）	中熟（2）	261.5
5	生长素Ⅱ（2）	自然光加人工照光（2）	晚熟（3）	249
6	生长素Ⅱ（2）	人工照光（3）	早熟（1）	364
7	生长素Ⅲ（3）	自然光（1）	晚熟（3）	261.5
8	生长素Ⅲ（3）	自然光加人工照光（2）	早熟（1）	196.5
9	生长素Ⅲ（3）	人工照光（3）	中熟（2）	326.5

（1）R 语言程序

```
library(agricolae)
#创建数据集
dat <- data.frame(
    A = gl(3, 3),
    B = gl(3, 1, 9),
    C = factor(c(1, 2, 3, 2, 3, 1, 3, 1, 2)),
    y = c(299, 259, 376.5, 261.5, 249, 364, 261.5, 196.5, 326.5)
)
#方差分析
model <- aov(y~A+B+C, data = dat)
summary(model)
#因方差分析结果仅因素 B 对产量有显著影响，仅对 B 的不同水平进行多重比较
duncan.test(model, "B", alpha = 0.05, console = TRUE)
```

（2）运行结果

\#方差分析结果

	Df	Sum Sq	Mean Sq	F value	Pr(>F)
A	2	3800	1900	8.143	0.1094
B	2	22804	11402	48.866	0.0201*
C	2	279	140	0.598	0.6257
Residuals	2	467	233		

Signif. codes:　0 '***' 0.001 '**' 0.01 '*' 0.05 '.' 0.1 ' ' 1

\#对因素 B 进行多重比较的结果

Study: model ~ "B"

Duncan's new multiple range test

for y

正交试验的
方差分析

Mean Square Error:　233.3333

B, means

	y	std	r	se	Min	Max	Q25	Q50	Q75
1	274.0000	21.65064	3	8.819171	261.5	299.0	261.50	261.5	280.25
2	234.8333	33.57206	3	8.819171	196.5	259.0	222.75	249.0	254.00
3	355.6667	26.02082	3	8.819171	326.5	376.5	345.25	364.0	370.25

Alpha: 0.05 ; DF Error: 2

Critical Range

2	3
53.61736	51.27279

Means with the same letter are not significantly different.

	y	groups
3	355.6667	a
1	274.0000	b
2	234.8333	b

（3）程序解释及结果说明

本例题中，整理分析结果，列出方差分析表（表 9-2）。

表 9-2　方差分析表

变异来源	df	SS	MS	F	Pr(>F)
A	2	3800	1900	8.143	0.1094
B	2	22804	11402	48.866*	0.0201
C	2	279	140	0.598	0.6257
Residuals	2	467	233		
总变异	8	27350			

因为 B 因素的 $p<0.05$，表明光照对产量的影响达到显著水平，其余因素对产量的影响不显著。因此，对 B 因素各水平进行多重比较，结果见表 9-3。

表 9-3　多重比较表（Duncan 法）

光照处理	小麦产量/kg	显著性（0.05 水平）
3	355.6667	a
1	274.0000	b
2	234.8333	b

多重比较结果表明，人工照光（3）处理下的小麦产量显著高于自然光（1）和自然光加人工照光（2）。

9.1.3 练习题

有一早稻 3 因素试验，A 因素为品种，有 A1、A2、A3、A4 共 4 个水平；B 因素为栽培密度，有 B1、B2 共 2 个水平；C 因素为施氮量，有 C1、C2 共 2 个水平。选用正交表 $L_8(4 \times 2^4)$ 安排试验，试验方案及 8 个处理的产量见表 9-4。对试验资料进行方差分析。

表 9-4 早稻 3 因素试验的正交试验设计及结果

处理	因素			产量/（kg/小区）
	A	B	C	
	1 列	2 列	5 列	
1	A1（1）	B1（1）	C1（1）	17
2	A1（1）	B2（2）	C2（2）	19
3	A2（2）	B1（1）	C2（2）	26
4	A2（2）	B2（2）	C1（1）	25
5	A3（3）	B1（1）	C2（2）	16
6	A3（3）	B2（2）	C1（1）	14
7	A4（4）	B1（1）	C1（1）	24
8	A4（4）	B2（2）	C2（2）	28

9.2 考虑交互效应的正交试验方差分析

9.2.1 aov 过程

语句格式：

aov(formula, data = NULL, projections = FALSE, qr = TRUE, contrasts =NULL, ...)

主要参数的含义同 6.1.1 节。

在考虑交互作用的正交试验方差分析中，formula 公式中增加需要考虑的互作项，例如 y~A+B+C+A:B+B:C+A:C+A:B:C，其中 A:B、B:C、A:C 代表因素之间的二维互作，A:B:C 表示三维互作。

9.2.2 例题

某抗生素发酵培养基配方试验，考察的 3 个因素 A、B、C 为组成培养基的 3 种成分，各有 2 个水平，除考察 3 个因素 A、B、C 的主效应外，还考察 A 与 B、B 与 C 的交互作用 A×B、B×C，统计不同配方相对于对照的发酵效率 x_i（%）。利用正交表 $L_8(2^7)$ 来安排试验方案，把 A、B、A×B、C、B×C 分别放在第 1、2、3、4、6 列上，得试验结果见表 9-5。对试验资料进行方差分析。

表 9-5　正交试验方案及结果

| 处理 | 因素 | | | | | $x_i/\%^*$ |
| | A | B | A×B | C | B×C | |
	第 1 列	第 2 列	第 3 列	第 4 列	第 6 列	
1	1	1	1	1	1	55
2	1	1	1	2	2	38
3	1	2	2	1	2	97
4	1	2	2	2	1	89
5	2	1	2	1	1	122
6	2	1	2	2	2	124
7	2	2	1	1	2	79
8	2	2	1	2	1	61

*以对照为 100 计。

（1）R 语言程序

#创建数据集

```
dat <- data.frame(
    A=gl(2, 4),
    B=gl(2, 2, 8),
    C=gl(2, 1, 8),
    x=c(55, 38, 97, 89, 122, 124, 79, 61)
)
```

#方差分析

```
model <- aov(x~A+B+C+A:B+B:C, data = dat)
summary(model)
```

#因方差分析结果仅因素 A 和互作 A:B 对 x 有显著影响，仅对 A 和 A:B 的不同水平进行多重比较

#对因素 A 进行多重比较

```
duncan.test(model, "A", alpha = 0.05, console = TRUE)
```

#对 A 和 B 的组合间进行多重比较

```
duncan.test(model, trt = c("A","B"), alpha = 0.05, console = TRUE)
```

（2）运行结果

方差分析结果

	Df	Sum Sq	Mean Sq	F value	Pr(>F)
A	1	1431	1431	24.835	0.0380*
B	1	21	21	0.367	0.6064
C	1	210	210	3.646	0.1964
A:B	1	4950	4950	85.902	0.0114*

考虑交互效应的
正交试验方差分析

B:C	1	15	15	0.262	0.6594
Residuals	2	115	58		

Signif. codes: 0 '***' 0.001 '**' 0.01 '*' 0.05 '.' 0.1 ' ' 1

#对因素 A 进行多重比较的结果
Study: model ~ "A"

Duncan's new multiple range test
for x

Mean Square Error: 57.625

A,   means

	x	std	r	Min	Max
1	69.75	27.92102	4	38	97
2	96.50	31.48015	4	61	124

Alpha: 0.05 ; DF Error: 2

Critical Range
        2
23.07561

Means with the same letter are not significantly different.

	x	groups
2	96.50	a
1	69.75	b

 #对 A:B 互作进行多重比较的结果
Study: model ~ c("A", "B")

Duncan's new multiple range test
for x

Mean Square Error: 57.625

A:B, means

	x	std	r	Min	Max
1:1	46.5	12.020815	2	38	55
1:2	93.0	5.656854	2	89	97
2:1	123.0	1.414214	2	122	124
2:2	70.0	12.727922	2	61	79

Alpha: 0.05 ; DF Error: 2

Critical Range

2	3	4
32.63384	31.20683	29.82657

Means with the same letter are not significantly different.

	x	groups
2:1	123.0	a
1:2	93.0	ab
2:2	70.0	bc
1:1	46.5	c

（3）程序解释及结果说明

本例题中，整理分析结果，列出方差分析表（表 9-6）。

表 9-6　方差分析表

变异来源	df	SS	MS	F	Pr(>F)
A	1	1431	1431	24.835*	0.0380
B	1	21	21	0.367	0.6064
C	1	210	210	3.646	0.1964
A:B	1	4950	4950	85.902*	0.0114
B:C	1	15	15	0.262	0.6594
Residuals	2	115	58		
总变异	7	6742			

因为因素 A 和 A:B 的 $p<0.05$，表明在该实验中，因素 A 和 A 与 B 的互作对 x 有显著影响。有必要对 A、A:B 进行多重比较。

因素 A 的多重比较结果表明，A1 和 A2 之间差异显著，A2 显著高于 A1（表 9-7）。

表 9-7　多重比较表（Duncan 法）

因素 A	平均值	显著性（0.05 水平）
A2	96.50	a
A1	69.75	b

A 与 B 的互作的多重比较结果表明，A2:B1 分别和 A2:B2、A1:B1 之间差异显著，A1:B2 和 A1:B1 间差异显著（表 9-8）。

表 9-8　多重比较表（Duncan 法）

组合	平均值	显著性（0.05 水平）
A2:B1	123.0	a
A1:B2	93.0	ab
A2:B2	70.0	bc
A1:B1	46.5	c

9.2.3　练习题

有一水稻栽培正交试验，因素水平见表 9-9。

表 9-9　因素水平

水平	因素			
	品种 A	秧龄 B/d	密度 C/（万苗/亩）	施肥量 D/（kg/亩）
1	九州 1 号	30	18	5
2	改良新品种	40	23	7

（1）如果把因素 A、B、C、D 放在正交表 $L_8(2^7)$ 的第 1、2、4、7 列上，列出试验方案。

（2）8 个处理的产量依次是 250、380、220、260、380、520、320、400（单位为 kg/亩）。对试验结果进行方差分析，确定最优水平组合。

第 10 章　回归分析

回归分析（regression analysis）是一种常用的统计方法，用于探索变量之间的关系，并预测一个变量的值。回归分析按照涉及的变量的多少，分为一元回归和多元回归分析；按照因变量的多少，可分为简单回归分析和多重回归分析；按照自变量和因变量之间的关系类型，可分为线性回归分析和非线性回归分析。

10.1　一元线性回归分析

10.1.1　回归分析函数

回归分析的基本内容包括建立回归模型、求解回归模型中的参数、对回归模型进行检验和应用回归模型进行预测。R 语言中，与线性模型有关的函数有：lm( )、summary( )、anova( )和 predict( )。

（1）lm( ) 语句格式

```
lm(formula, data, subset, weights, na.action,
    method = "qr", model = TRUE, x = FALSE, y = FALSE, qr = TRUE,
    singular.ok = TRUE, contrasts = NULL, offset, ...)
```

主要参数的含义如下：

formula：指定回归分析要采用的数学模型，如需要剔除某个变量可以用减号。

data：要分析的数据集，为一个非空的数据框。

subset：一个可选的量，指定拟合过程中使用的观测值子集。

weights：在拟合过程中使用的可选权重向量，应该是空或数字向量。

na.action：指示当数据中含缺失值（Nas）时应该如何处理的函数。

method：指定回归分析的方法。

contrasts：用于设置比较组。

（2）anova( ) 语句格式

```
anova (formula, data = NULL, projections = FALSE, qr = TRUE,
    contrasts = NULL, ...)
```

主要参数的含义同 6.1.1 节。

（3）predict ( ) 语句格式

```
predict(object, newdata, interval = c("none", "confidence", "prediction"),
        level = 0.95, ...)
```

主要参数的含义如下：

object：拟合的线性回归模型。

newdata：指定需要进行预测的一个或多个新数据，为数据框。

interval：期望模型具有的置信度区间类型，可以规定为"none" "confidence" "prediction"中的一个，当对样本个体进行预测时用"prediction"，当对样本均值进行预测时用"confidence"。

level：置信度水平，默认是 0.95。

10.1.2　例题

多数研究表明，土壤有机质含量与土壤全氮含量有密切的依存关系。表 10-1 给出了 30 个样地土壤样品的碱解氮含量（x，mg/kg）和有机质含量（y，g/kg）数据，试分析碱解氮与有机质之间的依存关系，并预测当碱解氮含量为 700mg/kg 时，在 95%的预测区间内，土壤有机质含量是多少。

表 10-1　土壤有机质和碱解氮结果

序号	y/（g/kg）	x/（mg/kg）	序号	y/（g/kg）	x/（mg/kg）
1	11.3262	5.1928	16	43.4895	42.553
2	11.4638	5.3782	17	52.181	51.2688
3	11.5993	5.717	18	62.422	60.3804
4	11.7579	6.2989	19	74.0799	69.0982
5	12.1233	7.0002	20	86.5114	82.3404
6	18.6695	7.5559	21	98.7595	92.628
7	16.4286	9.4735	22	114.4408	106.8258
8	20.0482	20.4079	23	133.9523	125.8151
9	21.2201	20.9073	24	163.8604	153.0138
10	21.9935	21.4036	25	189.0364	176.3645
11	23.5724	23.9047	26	217.1525	200.1731
12	26.649	27.274	27	263.9647	241.6568
13	29.371	28.2187	28	316.4929	287.7854
14	31.4948	29.9017	29	387.602	348.0435
15	34.8337	32.9691	30	513.2178	456.2197

（1）R 语言程序

```
setwd("d:/data")
soil=read.table("10.1.txt", header=T)    #读入数据
fm=lm(y~x, data=soil)    #拟合模型
plot(soil$x, soil$y)    #作回归直线
abline(fm)
anova(fm)    #模型的方差分析
summary(fm)    #回归系数的显著性检验
new<-data.frame(x=700)    #预测
```

```
lm.pred<-predict(fm,new,interval="prediction",level=0.95)
lm.pred
```
（2）运行结果

```
> summary(fm)
Call:
lm(formula = y ~ x, data = soil)
Coefficients:
(Intercept)                x
-0.485                  1.1051
```

一元线性回归分析

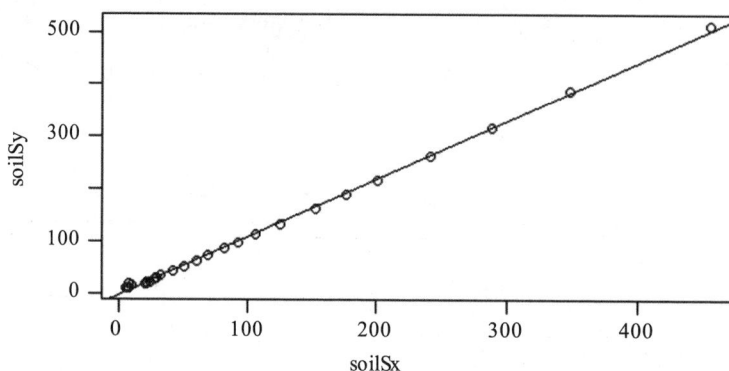

图 10-1　土壤有机质和碱解氮关系

```
> anova(fm)
Analysis of Variance Table
Response: y
```

	Df	Sum Sq	Mean Sq	F value	Pr(>F)
x	1	457884	457884	20778	<2.2e-16 ***
Residuals	28	617	22		

```
> summary(fm)
```

Min	1Q	Median	3Q	Max
-5.37	-3.12	-1.60	4.52	10.80

	Estimate	Std. Error	t value	Pr(>|t|)
(Intercept)	-0.484501	1.107663	-0.437	0.665
x	1.105063	0.007666	144.144	<2e-16 ***

```
---
Signif. codes:   0 '***' 0.001 '**' 0.01 '*' 0.05 '.' 0.1 ' ' 1
Residual standard error: 4.694 on 28 degrees of freedom
Multiple R-squared:  0.9987,    Adjusted R-squared:  0.9986
F-statistic: 2.078e+04 on 1 and 28 DF,   p-value: < 2.2e-16
```

> predict(fm,new,interval="prediction",level=0.95)

	fit	lwr	upr
1	773.1	759.4	786.7

（3）程序解释及结果说明

Coefficients:

(Intercept)   x

-0.485   1.1051

这里表示一元线性回归的参数，其中 x 前面的系数是 1.1051，常数项为-0.485

回归方程：y=-0.4854+1.1051x

对回归系数进行 t 检验，t 统计量为 144.144，对应的 p 值<2e-16，达极显著水平，表示 x 与 y 之间存在真实的回归关系。

anova(fm)

Analysis of Variance Table

Response: y

	Df	Sum Sq	Mean Sq	F value	Pr(>F)
x	1	457884	457884	20778	< 2.2e-16 ***
Residuals	28	617	22		

Signif. codes:　0 '***' 0.001 '**' 0.01 '*' 0.05 '.' 0.1 ' ' 1

对回归系数进行 F 检验，F 统计量为 20778，对应的 p 值<2.2e-16，达极显著水平，表示 x 与 y 之间存在真实的回归关系。

summary(fm)

Call:

lm(formula = y ~ x, data = soil)

Residuals: #残差的最小值，0.25 分位点，中位数点，0.75 分位点和最大值

Min	1Q	Median	3Q	Max
-5.37	-3.12	-1.60	4.52	10.80

Coefficients: # Estimate 是参数估计值，Std. Error 表示参数的标准差，t value 为 t 值，Pr(>|t|)为 p 值

	Estimate	Std. Error	t value	Pr(>|t|)
(Intercept)	-0.484501	1.107663	-0.437	0.665 #常数项
x	1.105063	0.007666	144.144	<2e-16 ***#一次项

Signif. codes:　0 '***' 0.001 '**' 0.01 '*' 0.05 '.' 0.1 ' ' 1

Residual standard error: 4.694 on 28 degrees of freedom #残差的标准差

Multiple R-squared:　0.9987,　　Adjusted R-squared:　0.9986　#R 方与调整 R 方

F-statistic: 2.078e+04 on 1 and 28 DF,　p-value: < 2.2e-16　#F 值和 p 值

由于 p＜0.05，于是在 0.05 水平处拒绝原假设，即本例回归系数有统计学意义，x 与 y 之间存在回归关系。

lm.pred   #fit 为预测值，lwr 是 95%下限，upr 是 95%上限

	fit	lwr	upr
1	773.1	759.4	786.7

因此，当碱解氮含量为 700mg/kg 时，土壤有机质含量是 773.1，其 95%的预测区间为 759.4 ~ 786.7。

10.1.3　练习题

多数研究表明，土壤有机质含量与土壤全氮含量有密切的依存关系。表 10-2 给出 15 个样地土壤样品的碱解氮含量（x，mg/kg）和有机质含量（y，g/kg）数据，试分析碱解氮与有机质之间的依存关系，并预测当碱解氮含量为 715mg/kg 时，在 95%的预测区间内，土壤有机质含量是多少？

表 10-2　土壤有机质和碱解氮结果

y/（g/kg）	x/（mg/kg）
20.0482	20.4079
21.2201	20.9073
21.9935	21.4036
12.1233	7.0002
18.6695	7.5559
86.5114	82.3404
98.7595	92.628
11.7579	6.2989
217.1525	200.1731
263.9647	241.6568
387.602	348.0435
513.2178	456.2197
26.649	27.274
29.371	28.2187

10.2　多元线性回归分析

10.2.1　lm 过程

同 "10.1.1 回归分析函数"。

10.2.2　例题

考察某一地区土壤有机质含量（y）和土壤全氮（x1）、土壤全磷（x2）、土壤全钾（x3）、土壤有效磷（x4）之间的数量关系（表 10-3），建议进行多元线性回归方程分析，并预测当 x1=33、x2=6、x3=4、x4=400 时，在 95%的预测区间内，土壤有机质含量是多少？

表 10-3 土壤有机质和氮磷钾结果

y/（g/kg）	x1/（g/kg）	x2/（g/kg）	x3/（g/kg）	x4/（mg/kg）
11.33	36.24	5.19	3.55	406.82
11.46	40.38	5.38	4.12	415.92
11.6	45.18	5.72	5.7	429.03
11.76	48.6	6.3	8.9	441.65
12.12	53.02	7	12.8	456.74
18.67	59.57	7.56	15.9	467.07
16.43	72.07	9.47	18.2	484.33
20.05	89.89	20.41	20.67	501.12
21.22	102.01	20.91	26.02	515.46
21.99	119.55	21.4	32.2	530.6
23.57	149.22	23.9	41.6	546.3
26.65	169.18	27.27	49.8	557.07
29.37	185.98	28.22	55.6	653.23
31.49	216.63	29.9	72.26	660.91
34.83	266.52	32.97	91.2	667.82
43.49	345.61	42.55	112.71	674.68
52.18	466.7	51.27	203.82	681.35
62.42	574.95	60.38	235	688.55
74.08	668.51	69.1	241.34	697.65
86.51	731.43	82.34	269.67	708
98.76	769.67	92.63	268.58	720.87
114.44	805.79	106.83	298.96	727.91
133.95	882.28	125.82	392.74	739.92
163.86	943.46	153.01	421.93	744.32
189.04	1203.33	176.36	513.78	753.6
217.15	1358.23	200.17	704.84	760.75
263.96	1598.78	241.66	955.39	768.23
316.49	1832.17	287.79	1169.22	778.77
387.6	2119.24	348.04	1409.71	782.44
513.22	2495.3	456.22	1667.4	786.45
613.3	3006.7	542.2	1778.9	790.48

（1）R 语言程序

```
setwd("d:/data")
soil=read.table("10.2.txt",header=T)    #读入数据
(fm=lm(y~x1+x2+x3+x4,data=soil))    #拟合模型
summary(fm)
new<-data.frame(x1=33,x2=6,x3=4,x4=400)
lm.pred<-predict(fm,new,interval="prediction",level=0.95)    #预测
lm.pred
```

（2）运行结果

```
> (fm=lm(y~x1+x2+x3+x4,data=soil))
```

Call:

lm(formula = y ~ x1 + x2 + x3 + x4, data = soil)

Coefficients:

(Intercept)	x1	x2	x3	x4
23.530538	-0.003394	1.164181	0.000283	-0.043739

```
> summary(fm)
```

Call:

lm(formula = y ~ x1 + x2 + x3 + x4, data = soil)

Residuals:

Min	1Q	Median	3Q	Max
-5.024	-2.140	0.327	1.266	6.965

Coefficients:

	Estimate	Std. Error	t value	Pr(>|t|)
(Intercept)	23.530538	4.597140	5.12	2.5e-05 ***
x1	-0.003394	0.008072	-0.42	0.68
x2	1.164181	0.040472	28.76	2e-16 ***
x3	0.000283	0.008549	0.03	0.97
x4	-0.043739	0.009260	-4.72	7.0e-05 ***

Signif. codes: 0 '***' 0.001 '**' 0.01 '*' 0.05 '.' 0.1 ' ' 1

Residual standard error: 2.79 on 26 degrees of freedom

Multiple R-squared: 1, Adjusted R-squared: 1

```
> lm.pred
```

	fit	lwr	upr
1	12.90923	6.679595	19.13886

（3）程序解释及结果说明

拟合模型

(Intercept)	x1	x2	x3	x4
23.530538	-0.003394	1.164181	0.000283	-0.043739

于是得到多元线性回归方程：

y=-0.003394x1+1.164181x2+0.000283x3-0.043739x4+23.530538

模型的 $p<0.0001$，故本例回归模型是有意义的。

回归方程的假设检验

F-statistic: 2.29e+04 on 4 and 26 DF,   p-value: < 2.2e-16   #方程的 F 值和 p 值，方程的显著性检验

模型的 $p<0.0001$，故本例回归模型是有意义的。

预测当 x1=33、x2=6、x3=4、x4=400 时，在 95%的预测区间内，土壤有机质含量均值

是 12.91g/kg，变异范围为 6.68～19.14。

10.2.3　练习题

考察某一地区土壤有机质含量（y）和土壤全氮（x1）、土壤全磷（x2）、土壤全钾（x3）之间的数量关系（表 10-4），建议进行多元线性回归方程分析，并预测当 x1=30、x2=10、x3=15、x4=300 时，在 95% 的预测区间内，土壤有机质含量是多少？

表 10-4　土壤有机质和氮磷钾结果

y/（g/kg）	x1/（g/kg）	x2/（g/kg）	x3/（g/kg）	x4/（mg/kg）
12.33	37.24	5.39	3.15	436.82
13.46	48.38	5.48	4.22	445.92
14.6	49.18	5.752	5.3	459.03
15.76	47.6	6.6	8.4	461.65
16.12	58.02	7.7	12.5	476.74
17.67	59.57	7.586	15.6	487.07
18.43	77.07	9.97	18.7	494.33
21.05	87.89	20.11	20.87	491.12
22.22	112.01	20.21	26.92	505.46
23.99	109.55	21.4	32.1	510.6
24.57	139.22	23.5	41.1	526.3

第 11 章　逐步回归与相关性分析

许多实际问题中，各因素间相互作用，相互影响。影响响应变量的因素往往不止一个而是多个，我们称这类回归分析为多元回归分析。其中最基本、最常用的是多元线性回归分析，许多多元非线性回归可以转化为多元线性回归来解决，这里仅讨论最为一般的线性回归问题和可以化为线性回归的问题。

线性相关分析是研究一个变量与多个其他变量之间的相关性。尽管复相关分析中并无自变量和因变量之分，但在实际应用中常常与多元线性回归分析相联系。复相关分析通常指的是多个自变量与一个因变量之间的线性关联程度，在多元线性回归分析中，多个自变量对因变量的回归平方和占因变量总平方和的比例，我们称之为复相关指数，简称相关指数。相关指数的平方根被称为因变量与自变量的复相关系数。

多个相关变量之间的相互关系十分复杂。通常情况下，任何两个变量之间会存在不同程度的线性相关，而这种相关性受其他变量的影响。因此，简单的线性相关分析并不能准确地表达两个相关变量的关系。只有在消除其他变量影响的情况下，研究两个变量之间的关系才能真实地反映它们之间线性相关的程度和性质。偏相关分析是用于固定其他变量的情况下，研究其中两个变量之间的线性相关程度和性质。

11.1　逐步回归分析

11.1.1　lm 和 step 过程

（1）lm 语句格式

lm(formula, data, subset, weights, na.action,
    method = "qr", model = TRUE, x = FALSE, y = FALSE, qr = TRUE,
    singular.ok = TRUE, contrasts = NULL, offset, ...)

主要参数的含义同 10.1.1 节。

（2）step 语句格式

step(object, scope, scale = 0,
        direction = c("both", "backward", "forward"),
        trace = 1, keep = NULL, steps = 1000, k = 2, ...)

主要参数的含义如下：

object：表示被用作逐步回归分析的初始模型。

scope：逐步回归检查的模型范围，这是一个单独的公式，或者一个列表包含两个公式。

scale：定义 AIC 统计量以选择模型，目前仅适用于 lm、aov 和 glm 模型。

direction：逐步回归的方向，可以是"both"、"backward"或"forward"，默认为"both"。

trace：如果为正，则在 step 运行期间打印相关信息，有较大的数据量但可能提供更详细的信息。

keep：一个过滤函数，它的输入是一个拟合模型对象和相关的 AIC 统计量，它的输出是任意的。

steps：要考虑的最多次运算步骤数，默认值是 1000，它通常用于尽早停止进程。

11.1.2 例题

测定水稻品种"黄花占"在 15 个试验点的亩有效穗数（x1，万个/亩）、每穗粒数（x2）、千粒重（x3，g）、株高（x4，cm）和产量（y，kg/亩），结果列于表 11-1，试建立产量 y 的最优线性回归方程。

表 11-1　品种"黄花占"亩有效穗数、每穗粒数、千粒重、株高和产量

试验点	有效穗数（x1）	每穗粒数（x2）	千粒重（x3）	株高（x4）	产量（y）
1	30.8	33.0	50.0	90.0	520.8
2	23.6	33.6	28.0	64.0	195.0
3	31.5	34.0	36.6	82.0	424.0
4	19.8	32.0	36.0	70.0	213.5
5	27.7	26.0	47.2	74.0	403.3
6	27.7	39.0	41.8	83.0	461.7
7	16.2	43.7	44.1	83.0	248.0
8	31.2	33.7	47.5	80.0	410.0
9	23.9	34.0	45.3	75.0	378.3
10	30.3	38.9	36.5	78.0	400.8
11	35.0	32.5	36.0	90.0	395.0
12	33.3	37.2	35.9	85.0	400.0
13	27.0	32.8	35.4	70.0	267.5
14	25.2	36.2	42.9	70.0	361.3
15	23.6	34.0	33.5	82.0	233.8

（1）R 语言程序

```
x1 <- c(30.8, 23.6, 31.5, 19.8, 27.7, 27.7, 16.2, 31.2, 23.9, 30.3, 35.0, 33.3, 27.0, 25.2, 23.6)
x2 <- c(33.0, 33.6, 34.0, 32.0, 26.0, 39.0, 43.7, 33.7, 34.0, 38.9, 32.5, 37.2, 32.8, 36.2, 34.0)
x3 <- c(50.0, 28.0, 36.6, 36.0, 47.2, 41.8, 44.1, 47.5, 45.3, 36.5, 36.0, 35.9, 35.4, 42.9, 33.5)
x4 <- c(90.0, 64.0, 82.0, 70.0, 74.0, 83.0, 83.0, 80.0, 75.0, 78.0, 90.0, 85.0, 70.0, 70.0, 82.0)
y <- c(520.8, 195.0, 424.0, 213.5, 403.3, 461.7, 248.0, 410.0, 378.3, 400.8, 395.0, 400.0, 267.5, 361.3, 233.8)
mydata <- data.frame(y, x1, x2, x3, x4)
```

```
fit1 <- lm(y~x1+x2+x3+x4, data = mydata)
anova(fit1)
summary(fit1)
#剔除偏回归系数不显著的两个变量 x2 和 x4。
fit2 <- lm(y~x1+x3, data = mydata)
anova(fit2)
summary(fit2)
```

（2）运行结果

#全模型方差分析结果

Analysis of Variance Table

Response: y

	Df	Sum Sq	Mean Sq	F value	Pr(>F)
x1	1	69432	69432	45.9092	4.885e-05 ***
x2	1	2798	2798	1.8501	0.2036385
x3	1	47336	47336	31.2991	0.0002294 ***
x4	1	17	17	0.0110	0.9184646
Residuals	10	15124	1512		

Signif. codes: 0 '***' 0.001 '**' 0.01 '*' 0.05 '.' 0.1 ' ' 1

 # 第一次线性回归的结果

Call:

lm(formula = y ~ x1 + x2 + x3 + x4, data = mydata)

Residuals:

Min	1Q	Median	3Q	Max
-68.742	-21.675	6.519	18.361	61.870

Coefficients:

	Estimate	Std. Error	t value	Pr(>|t|)
(Intercept)	-552.9873	141.7196	-3.902	0.002951**
x1	13.9461	2.6863	5.192	0.000406***
x2	4.1710	3.1148	1.339	0.210181
x3	9.2644	1.8364	5.045	0.000503***
x4	0.1999	1.9038	0.105	0.918465

Signif. codes: 0 '***' 0.001 '**' 0.01 '*' 0.05 '.' 0.1 ' ' 1

逐步回归分析

Residual standard error: 38.89 on 10 degrees of freedom

Multiple R-squared:　0.8877,　　　Adjusted R-squared:　0.8428

F-statistic: 19.77 on 4 and 10 DF,　p-value: 9.702e-05

第二次方差分析结果

Analysis of Variance Table

Response: y

	Df	Sum Sq	Mean Sq	F value	Pr(>F)
x1	1	69432	69432	43.775	2.479e-05***
x3	1	46241	46241	29.154	0.0001602***
Residuals	12	19033	1586		

Signif. codes:　0 '***' 0.001 '**' 0.01 '*' 0.05 '.' 0.1 ' ' 1

第二次线性回归的结果

Call:

lm(formula = y ~ x1 + x3, data = mydata)

Residuals:

Min	1Q	Median	3Q	Max
-69.414	-21.460	-1.579	19.691	81.188

Coefficients:

	Estimate	Std. Error	t value	Pr(>|t|)
(Intercept)	-371.669	87.027	-4.271	0.00109**
x1	13.231	2.066	6.404	3.38e-05***
x3	9.227	1.709	5.399	0.00016***

Signif. codes:　0 '***' 0.001 '**' 0.01 '*' 0.05 '.' 0.1 ' ' 1

Residual standard error: 39.83 on 12 degrees of freedom

Multiple R-squared:　0.8587,　　　Adjusted R-squared:　0.8352

F-statistic: 36.46 on 2 and 12 DF,　p-value: 7.957e-06

（3）程序解释及结果说明

本例题中，整理分析结果，列出四元线性回归方差分析表（表 11-2）。

表 11-2　四元线性回归方差分析表

变异来源	df	SS	MS	F	Pr(>F)
x1	1	69432	69432	45.91**	4.89e-05
x2	1	2798	2798	1.85	2.04e-01

变异来源	df	SS	MS	F	Pr(>F)
x3	1	47336	47336	31.30**	2.29e-04
x4	1	17	17	0.01	9.18e-01
回归	4	119583	29895.75	19.77**	9.69e-05
离回归（Residuals）	10	15124	1512		
总变异	10	15124			

因为回归项对应的 $p < 0.01$，否定 H_0：$\beta_1 = \beta_2 = \beta_3 = \beta_4$，接受 H_A：β_1、β_2、β_3、β_4 不全为 0。表明产量 y 与有效穗数（x1）、每穗粒数（x2）、千粒重（x3）、株高（x4）的四元线性回归关系极显著，可依据该四元线性回归方程由有效穗数（x1）、每穗粒数（x2）、千粒重（x3）、株高（x4）来预测和控制产量 y。但需要着重强调的是，这种预测仅在自变量有效穗数（x1）、每穗粒数（x2）、千粒重（x3）、株高（x4）的取值范围之内才具备有效性与可靠性，唯有满足这一前提条件，才能够对产量 y 进行精准且有意义的预测，从而为相关的农业生产决策、研究分析等提供有力的依据与参考。

对偏回归系数 β_i 进行假设检验，程序分别列出 F 检验结果和 t 检验结果。F 检验的结果见表 11-2，有效穗数（x1）和千粒重（x3）对应的 F 值分别为 45.91 和 31.30，达极显著水平。

对各性状的偏回归系数进行 t 检验的结果见表 11-3，其中截距项，有效穗数（x1）和千粒重（x3）的 t 值分别为 5.192 和 5.045，对应的 p 值均小于 0.01，达极显著水平。因变量每穗粒数（x2）和株高（x4）的 t 检验显示不显著，在第二次进行回归分析时剔除了这两个变量，回归方程更加简洁，优化后的回归方程为 $\hat{y} = -371.669 + 13.231x_1 + 9.227x_3$。

表 11-3 各品种间株高多重比较表（SSR 法）

回归参数	估计值（Estimate）	标准误（Std. Error）	t 值	Pr(>|t|)
(Intercept)	−552.9873	141.7196	−3.902**	0.002951
x1	13.9461	2.6863	5.192**	0.000406
x2	4.171	3.1148	1.339	0.210181
x3	9.2644	1.8364	5.045**	0.000503
x4	0.1999	1.9038	0.105	0.918465

本例题也可以采用逐步回归的方法进行统计分析选择最优的回归方程。

（1）程序

lm.step <- step(fit1)

summary(lm.step)

（2）运行结果

Start: AIC=113.74

y ~ x1 + x2 + x3 + x4

	Df	Sum of Sq	RSS	AIC
- x4	1	17	15140	111.76

			15124	113.74
<none>				
- x2	1	2712	17836	114.21
- x3	1	38492	53616	130.72
- x1	1	40762	55885	131.34

Step:　AIC=111.76

y ~ x1 + x2 + x3

	Df	Sum of Sq	RSS	AIC
<none>			15140	111.76
- x2	1	3893	19033	113.19
- x3	1	47336	62476	131.02
- x1	1	68882	84022	135.46

Call:

#对逐步回归的结果进行总结。

lm(formula = y ~ x1 + x2 + x3, data = mydata)

Residuals:

Min	1Q	Median	3Q	Max
-69.598	-20.816	5.387	17.611	61.826

Coefficients:

	Estimate	Std. Error	t value	Pr(>|t|)	
(Intercept)	-550.952	133.927	-4.114	0.001719	**
x1	14.123	1.996	7.074	2.06e-05	***
x2	4.334	2.577	1.682	0.120749	
x3	9.345	1.593	5.864	0.000109	***

Signif. codes:　0 '***' 0.001 '**' 0.01 '*' 0.05 '.' 0.1 ' ' 1

Residual standard error: 37.1 on 11 degrees of freedom

Multiple R-squared:　0.8876,　　　Adjusted R-squared:　0.857

F-statistic: 28.96 on 3 and 11 DF,　p-value: 1.614e-05

（3）结果说明

从程序运行结果可以看到用全部变量做回归方程时 AIC 的值为 113.74，接下来显示的数据表明，如果去掉变量 x4，得到的回归方程 AIC 的值为 111.76，已经使 AIC 值达到最小。

在下一步的计算中，无论去掉哪一个变量，AIC 的值均会升高，因此 R 语言软件终止计算，得到最优的回归方程。用 summary 提取相关信息，由显示的结果可以看到回归系数检验的显著性均有大幅提高，但变量 x2 系数的检验显著水平仍未达显著水平。

11.1.3 练习题

某精神病学医生想知道精神病患者经过 6 个月治疗后疾病恢复的情况（Y）是否能通过精神错乱程度（X1）、猜疑程度（X2）两项指标来较为准确地预测，试验结果见表 11-4。试做多元线性回归分析。

表 11-4　16 名精神病患者的疾病恢复情况（Y）、精神错乱程度（X1）和猜疑程度（X2）

病人编号	恢复情况（Y）	精神错乱程度（X1）	猜疑程度（X2）
1	28	3.36	6.9
2	24	3.23	6.5
3	14	2.58	6.2
4	21	2.81	6
5	22	2.8	6.4
6	10	2.74	8.4
7	28	2.9	5.6
8	8	2.63	6.9
9	23	3.15	6.5
10	16	2.6	6.3
11	13	2.7	6.9
12	22	3.08	6.3
13	20	3.04	6.8
14	21	3.56	8.8
15	13	2.74	7.1
16	18	2.78	7.2

11.2　复相关分析

11.2.1　cancor 过程

cancor 语句格式：

cancor(x, y, xcenter = TRUE, ycenter = TRUE)

主要参数的含义如下：

x：数值矩阵($n×p_1$)，包含要进行分析 x 自变量。

y：数值矩阵($n×p_2$)，包含要进行分析 y 自变量。

xcenter：长度为 p_1 的逻辑或数字向量，描述在分析之前对 x 值进行的任何中心化过程。

ycenter：长度为 p_2 的逻辑或数字向量，描述在分析之前对 y 值进行的任何中心化过程。

11.2.2 例题

进行马铃薯的栽培试验，共种植了 12 个试验点，分别考察了块茎重 x1（g），块茎直径 x2（cm），单株马铃薯数（x3）（个）及单株产量（y）（g），共计 12 组观测值，见表 11-5，求变量 y 与 3 个自变量之间的复相关系数。

表 11-5　马铃薯的块茎重（x1）、块茎直径（x2）、单株马铃薯数（x3）及单株产量（y）

试验点	块茎重（x1）	块茎直径（x2）	单株马铃薯数（x3）	单株产量（y）
1	3.41	6.75	6.00	416.70
2	2.78	10.50	11.20	91.70
3	1.06	8.00	4.90	25.00
4	2.12	3.20	3.90	75.00
5	3.20	6.90	4.80	166.70
6	2.42	3.40	4.50	75.00
7	2.32	6.25	7.40	75.00
8	2.30	7.20	5.80	166.70
9	0.64	3.35	4.60	25.00
10	1.58	5.40	6.40	50.00
11	2.42	3.40	7.60	50.00
12	3.68	7.60	7.50	300.00

（1）R 语言程序

```
x1 <- c(3.41, 2.78, 1.06, 2.12, 3.20, 2.42, 2.32, 2.30, 0.64, 1.58, 2.42, 3.68)
x2 <- c(6.75, 10.50, 8.00, 3.20, 6.90, 3.40, 6.25, 7.20, 3.35, 5.40, 3.40, 7.60)
x3 <- c(6.00, 11.20, 4.90, 3.90, 4.80, 4.50, 7.40, 5.80, 4.60, 6.40, 7.60, 7.50)
y <- c(416.70, 91.70, 25.00, 75.00, 166.70, 75.00, 75.00, 166.70, 25.00, 50.00, 50.00,
300.00)
mydata <- data.frame(y, x1, x2, x3)
# 计算复相关系数
cor_result <- cancor(cbind(x1, x2, x3), y)
# 输出复相关系数
cor_result$cor
complex_corr <- cor_result$cor
# 进行 F 检验
n <- nrow(mydata)
p <- ncol(mydata) - 1    # 自变量个数
f_statistic <- ((n - p - 1) * complex_corr^2) / (p * (1 - complex_corr^2))
p_value <- pf(f_statistic, p, n - p - 1, lower.tail = FALSE)
# 打印结果
print(complex_corr)
```

```
print(f_statistic)
print(p_value)
```

（2）运行结果

```
> print(complex_corr)
[1] 0.8218585
> print(f_statistic)
[1] 5.549875
> print(p_value)
[1] 0.02347858
```

（3）程序解释及结果说明

本例题中，计算的复相关系数为 0.8218585，对复相关系数进行 F 检验，得 F 值为 5.549875，对应的 p 值为 0.02347858，小于 0.05，表明 y 与 x1、x2、x3 的复相关系数显著，即 y 与 x1、x2、x3 之间存在显著的线性关系。

11.2.3　练习题

测定 12 个试验点某甜玉米品种的株高（x1）、果穗长（x2）和产量（y）结果见表 11-6，试计算复相关系数并进行假设检验。

表 11-6　12 个试验点甜玉米品种的株高（x1）、果穗长（x2）和产量（y）

试验点编号	x1/cm	x2/cm	y/kg
1	270.2	21.2	21.7
2	230.7	20.7	21.5
3	135.8	17.1	19.6
4	203.3	18.5	18.7
5	211.2	18.1	19.5
6	99.8	16.4	26.5
7	267.4	18.4	18.5
8	80.6	16.4	21.0
9	219.5	18.9	20.8
10	153.4	16.9	20.2
11	126.9	15.9	21.4
12	210.2	18.1	20.6

11.3　偏相关分析

11.3.1　pcor.test 过程

pcor.test 语句格式：

```
pcor.test(x, y, z, method = c("pearson", "kendall", "spearman"))
```

主要参数的含义如下：

x, y, z：数值型向量，其中 x 和 y 分别指计算偏相关系数的两个变量，z 指暂时不考虑的变量，可以为多个变量。

Method：为计算相关系数的方法，分别有"pearson"（默认）、"kendall"或"spearman"。

pcor.test 函数来自于 R 语言包 ppcor，应用该函数前要先安装并调用这个包。基本语句如下：

```
install.packages("ppcor")    # 安装 ppcor 包
library(ppcor)   #加载 ppcor 包
```

偏相关分析

11.3.2　例题

数据采用 11.2.2 节的表 11-5。

（1）R 语言程序

```
x1 <- c(3.41, 2.78, 1.06, 2.12, 3.20, 2.42, 2.32, 2.30, 0.64, 1.58, 2.42, 3.68)
x2 <- c(6.75, 10.50, 8.00, 3.20, 6.90, 3.40, 6.25, 7.20, 3.35, 5.40, 3.40, 7.60)
x3 <- c(6.00, 11.20, 4.90, 3.90, 4.80, 4.50, 7.40, 5.80, 4.60, 6.40, 7.60, 7.50)
y <- c(416.70, 91.70, 25.00, 75.00, 166.70, 75.00, 75.00, 166.70, 25.00, 50.00, 50.00, 300.00)
mydata <- data.frame(y, x1, x2, x3)
#计算偏相关系数
library(ppcor)
pcor.test(mydata$y, mydata$x1, mydata[,c("x2", "x3")], method = "pearson")
pcor.test(mydata$y, mydata$x2, mydata[,c("x1", "x3")], method = "pearson")
pcor.test(mydata$y, mydata$x3, mydata[,c("x1", "x2")], method = "pearson")
```

（2）运行结果

```
> pcor.test(mydata$y, mydata$x1, mydata[,c("x2", "x3")], method = "pearson")
```

	estimate	p.value	statistic	n	gp	Method
1	0.7921451	0.006300491	3.670989	12	2	pearson

```
> pcor.test(mydata$y, mydata$x2, mydata[,c("x1", "x3")], method = "pearson")
```

	estimate	p.value	statistic	n	gp	Method
1	0.3379316	0.3395656	1.01556	12	2	pearson

```
> pcor.test(mydata$y, mydata$x3, mydata[,c("x1", "x2")], method = "pearson")
```

	estimate	p.value	statistic	n	gp	Method
1	-0.4433632	0.1993558	-1.399042	12	2	pearson

（3）程序解释及结果说明

本例题中，计算得变量 y 与 x1 的偏相关系数为 0.7921451，计算得变量 y 与 x2 的偏相关系数为 0.3379316，计算得变量 y 与 x3 的偏相关系数的绝对值为 0.4433632，其对应的 p 值分别为 0.006300491、0.3395656 和 0.1993558，其中仅变量 y 与 x1 的偏相关系数对应的 p 值小于 0.05，达显著水平。

11.3.3 练习题

测定 22 个玉米品种的鲜重（y）、穗长（x1）、秃尖长（x2）、穗粗（x3）、轴粗（x4）、穗行数（x5）、行粒数（x6）和净重（x7）结果见表 11-7，试计算鲜重 y 与其他各变量间的偏相关系数并进行假设检验。

表 11-7　22 个玉米品种的鲜重（y）、穗长（x1）、秃尖长（x2）、穗粗（x3）、轴粗（x4）、
穗行数（x5）、行粒数（x6）和净重（x7）结果

品种编号	y	x1	x2	x3	x4	x5	x6	x7
1	224.3	15.7	0.0	4.5	2.3	12.0	36.0	138.6
2	247.8	18.0	0.0	4.4	2.4	12.0	34.0	166.9
3	180.8	12.2	0.0	4.7	1.9	10.0	15.0	102.1
4	225.3	15.1	0.0	5.3	2.3	10.0	34.0	150.4
5	207.8	15.2	0.0	4.9	2.1	12.0	32.0	130.6
6	231.2	18.2	0.0	4.1	2.3	14.0	28.0	138.6
7	197.5	12.4	0.0	4.5	2.3	14.0	23.0	118.4
8	191.7	14.9	0.0	4.0	2.1	14.0	22.0	111.9
9	197.7	13.6	0.0	4.6	2.2	14.0	25.0	119.6
10	230.0	17.6	0.0	4.7	2.4	14.0	27.0	139.5
11	302.2	21.6	1.2	4.9	2.6	12.0	32.0	209.3
12	367.6	24.8	1.0	4.9	2.5	12.0	39.0	239.9
13	368.3	25.2	0.0	4.5	2.7	14.0	38.0	236.0
14	329.2	23.2	2.1	4.7	3.0	14.0	32.0	226.3
15	347.2	21.7	1.6	5.5	2.8	12.0	37.0	218.5
16	306.7	20.7	4.2	4.8	2.6	12.0	31.0	190.9
17	264.3	19.0	3.9	4.4	2.6	14.0	30.0	198.0
18	224.9	16.7	2.1	4.3	2.7	14.0	27.0	167.1
19	224.2	15.5	2.4	4.9	2.2	14.0	28.0	180.3
20	227.9	15.4	4.2	4.9	2.3	14.0	26.0	177.1
21	309.9	20.8	4.3	5.2	3.1	14.0	36.0	185.4
22	228.8	17.7	1.2	4.0	2.6	14.0	30.0	184.9

第12章　聚类分析与判别分析

在数据分析领域，聚类分析与判别分析是两种常用的方法，它们能够帮助我们从数据中挖掘出有价值的信息，并做出有效的决策。这两种方法在解决不同类型的问题时发挥着重要作用。聚类分析通常用于发现农业数据集中的内在结构和相似性，例如农作物种植地区的特征分类、不同品种的生长模式等；而判别分析则常用于农业领域中的分类和预测，例如预测某个地区的农作物种类或生长状态、判断某个地块的土壤肥力等。

12.1　聚类分析

12.1.1　聚类分析过程

聚类分析是一种无监督学习方法，通过聚类分析，我们可以发现数据集中的潜在模式、群组或类别，以便于我们理解数据的内在关系，从而为进一步分析和决策提供基础。

R 语言的聚类分析函数有 kmeans 函数，用于 K 均值聚类分析，将数据分成 K 个簇；hclust 函数，用于层次聚类分析，通过计算数据点之间的距离来构建层次聚类树状图；pam 函数，用于基于样本的分区聚类分析。我们可以根据自己的数据和需求，选择适合的聚类方法。

（1）kmeans 函数语句格式

```
kmeans(x, centers, iter.max = 10, nstart = 1,
        algorithm = c("Hartigan-Wong", "Lloyd", "Forgy",
                        "MacQueen"), trace = FALSE)
```

主要参数的含义如下：

x：进行分析的数据，应为一个非空的矩阵或数据框。

centers：聚类中心的数量，通常为一个正整数。

nstart：设置不同随机初始值的运行次数。

iter.max：允许的最大迭代次数。

algorithm：距离的算法，有 Hartigan-Wong、Lloyd、Forgy 和 MacQueen。

trace：逻辑或整数，目前只在默认方法（"Hartigan-Wong"）中使用；如果为正（或为真），则生成关于算法进度的跟踪信息。

（2）hclust 函数语句格式

```
hclust(dist_matrix, method = "complete/single/average/...", members = NULL)
```

主要参数的含义如下：

dist_matrix：一个距离矩阵或可转换为距离矩阵的对象，例如数据框或矩阵。

method：用于计算聚类的方法，常用的方法包括"complete"（complete linkage）最大距离法，"single"（single linkage）最小距离法，"average"（average linkage）平均距离法，"ward.D"Ward's 方法（基于方差的方法）和其他方法（如"ward.D2""centroid""median""mcquitty""mode"等）。

members：可选参数，用于指定每个对象的成员数，通常在加权聚类中使用。

（3）pam 函数语句格式

使用 pam 函数需要安装并加载"cluster"包

install.packages("cluster")

library(cluster)

pam(data, k = 3, metric = "euclidean", stand = FALSE)

主要参数的含义如下：

data：用于聚类的数据矩阵或数据框。

k：要创建的聚类的数量（中心点的数量）。

metric：选择距离度量的类型，包括 Euclidean 和 Manhattan。

stand：是否对变量进行标准化。

12.1.2 例题

现有一批农作物的生长数据，包括植株的高度、千粒重、叶面积、根系长度和生长周期。这些数据对于分析农作物的生长特性非常重要。具体数据见表 12-1。请分别使用 kmeans 函数、hclust 函数、pam 函数将这些农作物进行聚类，以便研究它们的生长特性。

表 12-1　农作物生长数据

样本编号	植株高度/cm	千粒重/g	叶面积/cm^2	根系长度/cm	生长周期/d
1	150	56	300	20	90
2	160	55	320	22	92
3	155	60	310	21	91
4	163	65	330	23	94
5	178	74	350	25	100
6	175	75	340	24	98
7	180	80	360	26	102
8	182	82	370	27	104
9	181	81	365	26	101
10	180	79	355	25	99
11	151	55	305	20	92
12	152	57	310	21	93
13	153	58	315	22	94
14	165	68	325	23	95
15	170	70	335	24	97
16	173	72	345	25	99

方法一　kmeans 函数

（1）R 语言程序

#读入数据

height <- c(150, 160, 155, 163, 178, 175, 180, 182, 181, 180, 151, 152, 153, 165, 170, 173)

weight <- c(56, 55, 60, 65, 74, 75, 80, 82, 81, 79, 55, 57, 58, 68, 70, 72)

leaf_area <- c(300, 320, 310, 330, 350, 340, 360, 370, 365, 355, 305, 310, 315, 325, 335, 345)

root_length <- c(20, 22, 21, 23, 25, 24, 26, 27, 26, 25, 20, 21, 22, 23, 24, 25)

growth_period <- c(90, 92, 91, 94, 100, 98, 102, 104, 101, 99, 92, 93, 94, 95, 97, 99)

将以上所有数据合并成一个数据框

data <- data.frame(

　　Height = height,

　　Weight = weight,

　　LeafArea = leaf_area,

　　RootLength = root_length,

　　GrowthPeriod = growth_period

)

聚类分析

#使用 kmeans 函数对数据进行聚类分析，设定聚类数为 3

cluster_result <- kmeans(data, centers = 3)

查看每个观测数据被分配到的聚类编号

cluster_result$cluster

（2）运行结果

[1] 2 1 2 1 3 3 1 1 1 1 2 2 2 1 3 3

（3）程序解释及结果说明

本例题中，我们读入了一个包含植株高度、千粒重、叶面积、根系长度和生长周期的数据集，并将其存储在一个数据框 data 中。然后，我们使用 kmeans() 函数对这些数据进行聚类分析，将数据分成 3 个组。通过设置 centers = 3，我们希望识别出 3 个具有不同生长特征的农作物组。最后，我们通过 cluster_result$cluster 查看了聚类分析的结果，每个观测数据都被分配到了一个聚类编号中。这些聚类编号代表了不同的农作物生长类型，帮助我们评估不同组别的生长特性及其影响因素。

方法二：hclust 函数

（1）R 语言程序

计算数据框 data 的欧氏距离矩阵

dist_matrix <- dist(data, method = "euclidean")

使用 complete linkage 方法进行层次聚类分析

hc <- hclust(dist_matrix, method = "complete")

绘制层次聚类的树状图

plot(hc, main = "Hierarchical Clustering Dendrogram",

　　xlab = "Sample Index", ylab = "Distance", cex = 0.7)

（2）运行结果

运行结果如图 12-1 所示。

Hierarchical Clustering Dendrogram

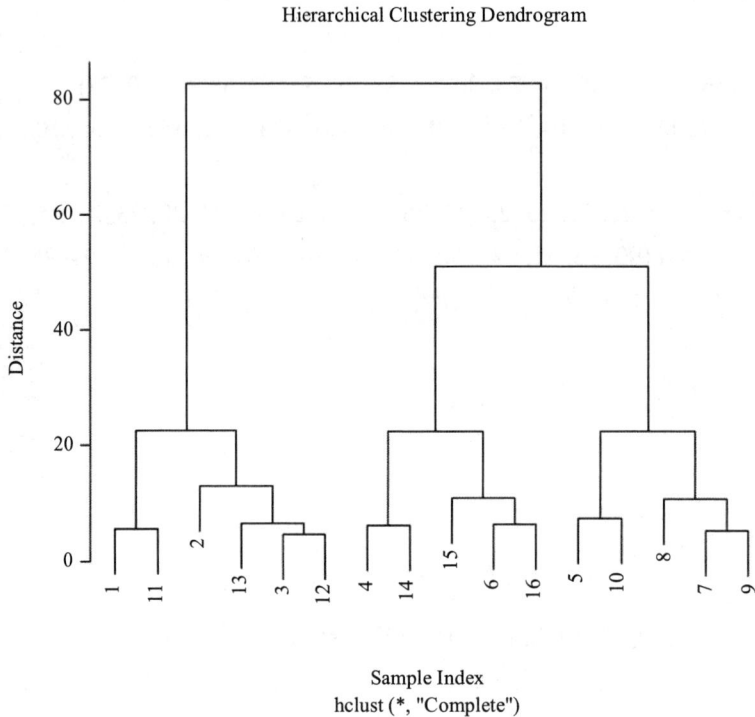

Sample Index
hclust (*, "Complete")

图 12-1　聚类分析结果

（3）程序解释及结果说明

在本方法中，我们首先使用 dist() 把输入数据 data 转换为"euclidean"欧式距离矩阵，然后再使用 hclust() 函数对数据进行聚类分析。在这里，我们使用完全链接法"complete"进行聚类（也可以选择其他方法如"单链接"或"平均链接"），再使用 plot() 函数绘制聚类结果的树图。运行以上代码后，您将得到一个展示层次聚类结果的树状图。您可以根据树状图中的分支来识别不同的聚类组。

方法三：pam 函数

（1）R 语言程序

```
# 安装 cluster 包，用于聚类分析
install.packages("cluster")
# 加载 cluster 包
library(cluster)
# 使用 PAM（Partitioning Around Medoids）算法对数据进行聚类分析，设定聚类数为 3
result_pam <- pam(data, k = 3)
# 打印 PAM 聚类分析的结果
print(result_pam)
```

（2）运行结果

Medoids:

	ID	Height	Weight	LeafArea	RootLength	GrowthPeriod
[1,]	1	150	56	300	20	90
[2,]	5	178	74	350	25	100
[3,]	14	165	68	325	23	95

Clustering vector:

[1] 1 1 1 1 2 2 2 2 2 2 1 1 1 3 3 3

Objective function:

build	swap
7.364932	3.838922

Available components:

[1] "medoids"　　"id.med"　　"clustering" "objective"　"isolation"

[6] "clusinfo"　"silinfo"　　"diss"　　　"call"　　　"data"

（3）程序解释及结果说明

在本方法中，我们首先使用 install.packages("cluster")安装了 cluste R 语言程序包，再使用 library(cluster)加载程序包。随后我们使用 pam()函数将输入数据分为两类。使用 print(result_pam)可以查看聚类结果，结果中的 Medoids 是 PAM 算法中确定的每个簇的代表点（中心点）。对于本例题中，三个簇的代表点分别是：簇 1 的代表点 ID 为 1，株高为 150 cm，千粒重为 56 g；簇 2 的代表点 ID 为 5，株高为 178 cm，千粒重为 74 g；簇 3 的代表点 ID 为 14，株高为 165 cm，千粒重为 68 g。Clustering vector 是每个数据点被分配到的簇的标签。例如，第一个数据点被分配到簇 1，第二个数据点被分配到簇 2，以此类推。Objective function 给出了 PAM 算法优化过程中的目标函数值。"build"表示构建簇时的目标函数值，"swap"表示交换簇中元素时的目标函数值。PAM 尝试将数据点分配到最合适的簇中，以最小化目标函数值，因此，较低的值表示更好的聚类效果。Available components 是分析结果中包含的可用组件列表。除了 Medoids、Clustering vector 和 Objective function 之外，还包括了一些其他信息，例如每个簇的详细信息（clusinfo）、每个数据点的相似性信息（diss）等。这些结果可以帮助我们理解数据的分布，并评估不同簇的特征。

12.1.3　练习题

现有一批田间试验数据，包含了 8 个试验区在不同施肥方案下的作物表现。数据包括作物产量、土壤含水量、施肥量、土壤 pH 和作物高度（表 12-2）。请使用 kmeans、hclust 和 pam 函数对这些数据进行聚类分析，并分别给出每种方法的分析结果。

表 12-2 不同施肥方案下的作物表现

试验区编号	作物产量/ （kg/亩）	土壤含水量/ %	施肥量/ （kg/亩）	土壤 pH	作物高度/ cm
1	100	30	50	6.5	120
2	120	35	55	6.7	125
3	110	40	60	6.6	130
4	130	45	65	6.8	135
5	140	50	70	6.9	140
6	150	55	75	7	145
7	160	60	80	7.1	150
8	170	65	85	7.2	155

12.2 判别分析

12.2.1 判别分析过程

判别分析是一种监督学习方法，通过学习已知类别的数据来对新的未知数据进行分类。判别分析通过找到一个或多个特征的线性组合，最大化不同类别之间的差异，同时最小化同一类别内部的差异，从而实现对数据的有效分类和预测。

线性判别分析（Linear Discriminant Analysis，LDA）和二次判别分析（Quadratic Discriminant Analysis，QDA）是两种常用的统计方法，用于分类和判别不同类别的数据。当数据在特征空间中是线性可分的情况，即不同类别的数据可以通过一个线性决策边界来分开时适合做线性判别分析。这种情况下，线性判别分析可以产生稳健的分类结果，特别是在特征数量相对较少、样本数量较大的情况下表现良好。而当不同类别的数据在特征空间中呈现复杂的非线性关系时，二次判别分析能够更好地捕捉数据的非线性结构，并提供更准确的分类结果，尤其在高维数据或小样本数据的情况下表现优秀。因此，在实际应用中，可以根据数据的特点和分析目的选择合适的判别分析方法，以获得最佳的分类效果。

在 R 语言中，MASS 包提供了用于进行线性判别分析的 lda 函数和二次判别分析的 qda 函数。使用 lda 函数和 qda 函数需要安装并加载"MASS"包。

（1）lda 函数的语句格式

lda(formula, data, subset, na.action, method = "moment", ...)

主要参数的含义如下：

formula：描述模型的公式，一般形式为 class ~ x1 + x2 + ...，其中 class 是类别变量，x1、x2 是预测变量。

data：数据集。

subset：用于选择数据子集的可选向量。

na.action：用于处理缺失值的方法。

method：用于估计协方差矩阵的方法，可选值为"moment"（基于矩的方法，默认值）、

"mle"（最大似然估计）和 "mve"（最小方差估计）。

（2）qda 函数的语句格式

qda(formula, data, subset, na.action)

主要参数的含义如下：

formula：判别分析的公式，一般形式为 class ~ x1 + x2 + ...，其中 class 是类别变量，x1、x2 是预测变量。

data：数据集。

subset：用于选择数据子集的可选向量。

na.action：用于处理缺失值的方法。

12.2.2 例题

现有两个品种的水稻，分别是"品种 A"和"品种 B"。我们想要判别这两个品种的种子特征是否存在显著差异。已经收集到两个品种的种子数据，数据包含种子长度、种子宽度、种子厚度和种子重量（表 12-3）。请分别使用 lda 函数和 qda 函数进行判别分析来判断这两个品种在这些特征上的差异。

表 12-3　不同水稻品种的种子特征

试验编号	品种	种子长度/mm	种子宽度/mm	种子厚度/mm	种子重量/g
1	A	29.1	7.2	6.1	0.8
2	A	30.5	7.4	6.3	0.85
3	A	31.2	7.3	6.2	0.82
4	A	28.9	7.1	6	0.78
5	A	30.1	7.3	6.1	0.8
6	A	29.3	7.2	6.2	0.79
7	A	30.6	7.4	6.3	0.83
8	A	31.3	7.5	6.4	0.84
9	A	28.8	7.1	6.1	0.77
10	A	30.1	7.2	6.2	0.8
11	B	32	8.1	6.8	0.9
12	B	33.1	8.3	7	0.95
13	B	31.8	8	6.7	0.88
14	B	34.2	8.5	7.2	0.92
15	B	32.5	8.2	7	0.9
16	B	32.1	8.1	6.9	0.91
17	B	33.2	8.4	7.1	0.93
18	B	31.5	8	6.7	0.87
19	B	34.4	8.6	7.3	0.94
20	B	32.6	8.3	7.1	0.9

方法一：lda 函数

（1）R 语言程序

```
# 安装 MASS 包，用于线性判别分析
install.packages("MASS")
# 加载 MASS 包
library(MASS)
# 创建一个包含种子长度、宽度、厚度、重量和品种的数据框
data <- data.frame(
    Length = c(29.1, 30.5, 31.2, 28.9, 30.1, 29.3, 30.6, 31.3, 28.8, 30.1,
               32.0, 33.1, 31.8, 34.2, 32.5, 32.1, 33.2, 31.5, 34.4, 32.6),
    Width = c(7.2, 7.4, 7.3, 7.1, 7.3, 7.2, 7.4, 7.5, 7.1, 7.2,
              8.1, 8.3, 8.0, 8.5, 8.2, 8.1, 8.4, 8.0, 8.6, 8.3),
    Thickness = c(6.1, 6.3, 6.2, 6.0, 6.1, 6.2, 6.3, 6.4, 6.1, 6.2,
                  6.8, 7.0, 6.7, 7.2, 7.0, 6.9, 7.1, 6.7, 7.3, 7.1),
    Weight = c(0.8, 0.85, 0.82, 0.78, 0.8, 0.79, 0.83, 0.84, 0.77, 0.8,
               0.9, 0.95, 0.88, 0.92, 0.9, 0.91, 0.93, 0.87, 0.94, 0.9),
    Variety = factor(c(rep("A", 10), rep("B", 10)))   # 品种因子变量
)
lda_result <- lda(Variety ~ Length + Width + Thickness + Weight, data = data)
# 打印 lda 结果
print(lda_result)
# 使用 LDA 模型进行预测
lda_predictions <- predict(lda_result)
# 创建实际品种和预测品种的交叉表
table(Predicted = lda_predictions$class, Actual = data$Variety)
```

（2）运行结果

```
Call:
lda(Variety ~ Length + Width + Thickness + Weight, data = data)

Prior probabilities of groups:
  A    B
0.5   0.5

Group means:
      Length   Width   Thickness   Weight
A     29.99    7.27    6.19        0.808
B     32.74    8.25    6.98        0.910
```

Coefficients of linear discriminants:

	LD1
Length	-2.049405
Width	18.941648
Thickness	-5.573790
Weight	1.856744

	Actual	
Predicted	A	B
A	10	0
B	0	10

（3）程序解释及结果说明

我们首先读入包含两个品种的种子长度、种子宽度、种子厚度和种子重量的数据集，并将其存储在一个数据框。我们用 lda() 函数对数据进行判别分析，使用多个特征（种子长度、宽度、厚度和重量）来区分两个品种（A 和 B）。在 lda_result 的输出中，Prior probabilities of groups 表示每个品种在样本中的先验概率。例如，品种 A 和品种 B 的先验概率都是 0.5。Group means 表示每个品种在所有特征上的均值。例如，品种 A 的种子长度均值为 29.99 mm，品种 B 的种子长度均值为 32.74 mm。Coefficients of linear discriminants 判别函数系数（LD1）用于将样本投影到判别轴上。系数的大小和方向决定了各特征对判别的贡献程度。随后，我们使用 predict()对 lda_result 预测结果进行预测并用 table()函数展示，结果显示，模型对两个品种的分类完全正确（100% 准确率），这表明这些特征足够显著，可以区分两个品种。

方法二：qda 函数

（1）R 语言程序（数据框构建过程同上）

```
# 使用 qda（二次判别分析）函数进行判别分析
qda_result <- qda(Variety ~ Length + Width + Thickness + Weight, data = data)
# 打印 qda 结果
print(qda_result)
# 使用 qda 模型进行预测
qda_predictions <- predict(qda_result)
# 创建实际品种和预测品种的混淆矩阵
confusion_matrix <- table(Predicted = qda_predictions$class, Actual = data$Variety)
# 打印混淆矩阵
print(confusion_matrix)
```

（2）运行结果

Call:

qda(Variety ~ Length + Width + Thickness + Weight, data = data)

Prior probabilities of groups:

```
    A    B
0.5    0.5


Group means:
    Length   Width   Thickness   Weight
A   29.99    7.27        6.19     0.808
B   32.74    8.25        6.98     0.910


              Actual
Predicted     A    B
A            10    0
B             0   10
```

（3）程序解释及结果说明

我们使用 qda 函数对两个品种的水稻数据进行了判别分析，以确定在多个特征（种子长度、宽度、厚度和重量）上是否存在显著差异。在 qda_result 输出中，Prior probabilities of groups 表示每个品种在样本中的先验概率。例如，品种 A 和品种 B 的先验概率都是 0.5。Group means 表示每个品种在所有特征上的均值。例如，品种 A 的种子长度均值为 29.99 mm，品种 B 的种子长度均值为 32.74 mm。对 qda 模型进行预测，混淆矩阵结果显示，所有品种 A 的数据点都正确分类为 A，所有品种 B 的数据点都正确分类为 B，分类完全正确（100% 准确率），说明这 4 个特征足够显著，可以区分两个品种。

通过 qda 分析，我们可以判断不同品种在各特征上的差异，从而确定判别特征对分类的影响程度。这有助于我们评估不同品种在多个特征上的区别和相似性。与 lda 不同，qda 考虑了各组的协方差矩阵，允许不同组有不同的协方差矩阵，从而适用于数据分布不同的情况。

12.2.3　练习题

我们对 10 个品种的水稻苗进行了低温处理，收集了低温处理组（表 12-4）和对照组（表 12-5）的株高、叶面积、根长和生物量。请使用判别分析来判断水稻是否耐低温。

表 12-4　低温处理组水稻结果

品种	株高/cm	叶面积/cm^2	根长/cm	生物量/g
1	25	100	15	5
2	26	105	16	5.2
3	24	98	14	4.8
4	27	110	17	5.4
5	23	95	13	4.6
6	28	112	18	5.6
7	25	102	15	5
8	26	106	16	5.2
9	24	99	14	4.8
10	27	111	17	5.4

表 12-5　对照组水稻结果

品种	株高/cm	叶面积/cm²	根长/cm	生物量/g
1	30	120	20	6
2	31	125	21	6.2
3	29	118	19	5.8
4	32	130	22	6.4
5	28	115	18	5.6
6	33	132	23	6.6
7	30	122	20	6
8	31	126	21	6.2
9	29	119	19	5.8
10	32	131	22	6.4

第 13 章   主成分分析和因子分析

　　主成分分析技术（Principal Components Analysis，PCA），又称主分量分析，是通过降维技术将多个变量或者指标转化为少数几个主变量或者指标的一种统计分析方法，这些主变量或者指标能够反映原始变量或者指标的绝大多数信息，通常表示为原始变量或者指标的线性组合。在降维过程中，会减少变量或指标的数量，这意味着删除部分原始数据，数据量的减少会导致模型获取的信息量也减少，模型的精确性表现可能会因此受到影响。同时，在多指标数据中，必然有一些特征是不带有效信息的（如土壤 pH），或者有一些指标带有的信息和其他一些指标是重复的（如土壤全磷含量和土壤有效磷含量）。希望能够找出一种办法来帮助我们衡量指标上所带的信息量，在降维的过程中，生成既可以减少指标的数量，又保留大部分有效指标（将那些带有重复指标的特征合并，并删除那些带无效指标的特征等）的新特征矩阵。

13.1   与主成分分析有关的函数

13.1.1   主成分分析函数

　　（1）princomp() 语句格式

princomp(x, cor = FALSE, scores = TRUE, covmat = NULL,...)

　　主要参数的含义如下：

　　x：为主成分分析提供数据的数字矩阵或数据框。

　　cor：逻辑变量，cor=T 表示用样本相关系数矩阵 R 作主成分分析，cor=F（缺省值）表示用样本的协方差矩阵作主成分分析。

　　scores：一个逻辑值，指示是否应该计算每个主成分的分数。

　　covmat：是协方差阵，如果数据不用 x 提供，可由协方差阵提供。

　　（2）summary() 语句格式

summary(object, loadings = FALSE, ...)

　　主要参数的含义如下：

　　object：由 princomp()函数得到的结果。

　　loadings：逻辑变量，逻辑变量=TRUE，表示加载逻辑变量的内容，逻辑变量= FLASE，表示不加载逻辑变量的内容。

　　（3）predict() 语句格式

predict(object, ND, ...)

主要参数的含义如下：

object：由 princomp()函数得到的结果。

ND：由各个指标预测值组成的数据框，当 ND 缺省时，预测已给定数值的主成分值。

（4）screeplot() 语句格式

screeplot(object, npcs = min(10, length(x$sdev)), type = c("barplot", "lines") ...)

主要参数的含义如下：

object：由 princomp()函数得到的结果。

npcs：画出的主成分的个数（通常根据主成分的累计概率来确定）。

type：画出的碎石图的类型，barplot 是绘制水平方向或者竖直方向的柱状图，"lines"是线型图，一般称为折线图。

（5）biplot() 语句格式

biplot(object, choices = 1:2, scale = 1, pc.biplot = FALSE, ...)。

主要参数的含义如下：

object：由 princomp()函数得到的结果。

choices：选择的主成分个数，缺省为第一主成分和第二主成分。

scale：变量和观测值分别通过 λ 的 scale 次幂和 λ 的（1-scale）次幂进行缩放，其中 λ 为通过主成分分析（princomp）计算得到的奇异值。scale 的正常取值范围是 0 到 1，超出此范围将引发系统警告。

pc.biplot：若设置为 True，则使用 Gabriel（1971）所称的方法绘制"主成分双标图"，其中 $\lambda=1$，观察值按 sqrt(n)的比例增大，变量按 sqrt(n)的比例减小，变量间的内积近似协方差，观测间的距离近似马氏距离。

（6）princomp.rank() 语句格式

princomp.rank(object, m=2, plot=T)。

主要参数的含义如下：

object：由 princomp()函数得到的结果。

m：提取的主成分个数计算排名。

plot=T：绘制第一和二主成分的散点图。

princomp.rank 属于 R 语言的 mvstats 包，princomp.rank 函数主要用于估计主成分分析（PCA）模型的秩。主成分分析中的秩与数据矩阵的有效维度相关，它反映了数据中存在的线性无关主成分的数量。其中 mvstats 包只能在 R 语言的 V4.0 版本以下安装使用。

13.1.2 例题

在全国省市范围内进行第三次土壤普查，得到 30 个地级市土壤碳含量（X1）、土壤全氮含量（X2）、土壤有效磷含量（X3）和土壤速效钾含量（X4）。数据见表 13-1，根据主成分分析函数对 30 个地级市土壤化学性质指标数据进行主成分分析。

表 13-1　30 个地级市土壤化学性质指标数据

序号	X1	X2	X3	X4	序号	X1	X2	X3	X4
1	123	34	63	70	12	152	40	68	78

序号	X1	X2	X3	X4	序号	X1	X2	X3	X4
2	131	26	65	66	13	152	43	73	76
3	152	39	69	78	14	132	25	58	71
4	141	29	62	71	15	127	23	58	66
5	153	36	74	78	16	144	28	67	71
6	135	23	58	70	17	139	40	74	71
7	145	38	69	74	18	139	27	64	71
8	142	36	72	73	19	154	41	67	79
9	141	35	71	73	20	149	38	70	76
10	134	22	59	69	21	144	32	67	74
11	133	19	58	64	22	137	32	66	69
23	151	31	61	75	27	135	26	61	67
24	140	23	59	69	28	134	23	61	69
25	149	42	71	80	29	133	22	59	67
26	144	26	69	75	30	140	28	63	68

（1）R 语言程序
#读入数据

```
setwd("d:/data")
soil=read.table("13.1.txt", header=T)
#进行主成分分析
soil.pr<-princomp(soil[,-1], cor=TRUE)
summary(soil.pr, loadings=TRUE)
loadings(soil.pr)
#作碎石图
screeplot(soil.pr, type="lines")
#预测
predict(soil.pr)
#作散点图
biplot(soil.pr)
#作双标图
library(mvstats)
princomp.rank(soil.pr, m=2, plot=T)
text(soil.pr$scores[, 1:2], labels=row.names(soil), cex=0.7, pos=4)
```

主成分分析

（2）运行结果
> summary(soil.pr, loadings=TRUE)
Importance of components:

	Comp.1	Comp.2	Comp.3	Comp.4
Standard deviation	1.8112700	0.6702357	0.42548034	0.29841510
Proportion of Variance	0.8201748	0.1123040	0.04525838	0.02226289
Cumulative Proportion	0.8201748	0.9324787	0.97773711	1.00000000

Loadings:

	Comp.1	Comp.2	Comp.3	Comp.4
X1	0.489	0.593	0.479	0.423
X2	0.512	-0.362	-0.556	0.546
X3	0.484	-0.614	0.540	-0.311
X4	0.515	0.374	-0.412	-0.652

#作碎石图
> screeplot(soil.pr, type = "lines")

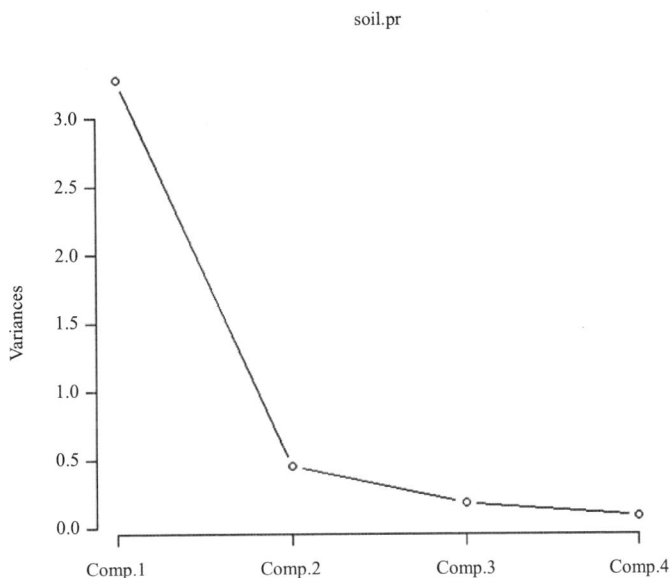

图 13-1　主成分碎石图

> predict(soil.pr)　#预测

	Comp.1	Comp.2	Comp.3	Comp.4
[1,]	-1.29062642	-1.376802912	-1.33966867	-0.25859567
[2,]	-1.69394960	-0.970122279	0.36596810	0.03631658
[3,]	2.35931007	0.489173126	-0.17944920	0.04613129
[4,]	-0.54060456	0.405147717	-0.08094571	0.19705774
[5,]	2.66661370	0.127013092	0.63683576	-0.43464681
[6,]	-1.83472268	0.659557072	-0.27853416	-0.18880170
[7,]	1.37546791	-0.326881245	-0.12304127	0.22247902
[8,]	1.20596503	-0.886096871	0.26746460	-0.11460986
[9,]	0.97959489	-0.789521995	0.18359420	-0.18477657
[10,]	-1.99699010	0.431092050	-0.05677060	-0.22382761
[11,]	-2.98015156	0.186386800	0.50672785	0.32495516
[12,]	2.33907669	0.555569415	-0.36255285	0.18386749

[13,]	2.77917256	-0.367558828	0.11507356	0.42778511
[14,]	-1.74762630	0.425709757	-0.71212402	-0.34469316
[15,]	-2.80595881	-0.281307830	-0.36045186	0.01317226
[16,]	0.03314408	0.085956590	0.69524536	-0.02360064
[17,]	1.25860753	-1.726152644	0.17673464	0.23017982
[18,]	-0.62075429	0.126060153	0.16698289	-0.18284829
[19,]	2.56165235	0.857181930	-0.52517706	0.27111021
[20,]	1.95423361	0.025491877	0.02183493	0.06159888
[21,]	0.69137881	0.146068155	0.08510243	-0.17700979
[22,]	-0.43488928	-0.692511167	0.05620598	0.29200126
[23,]	0.60392894	1.507040855	-0.14303927	0.31509665
[24,]	-1.56222641	0.818313965	0.21887914	0.16731632
[25,]	2.82780854	0.056465355	-0.58218990	-0.30663053
[26,]	0.56238106	0.308848974	0.67025561	-0.91878151
[27,]	-1.70311465	-0.116373754	0.08905679	0.32982933
[28,]	-1.73778056	0.143310353	0.07187781	-0.26577086
[29,]	-2.30168345	0.180102076	0.07968857	0.03380981
[30,]	-0.94725710	-0.001159787	0.33641636	0.47188607

#作散点图

> biplot(soil.pr)

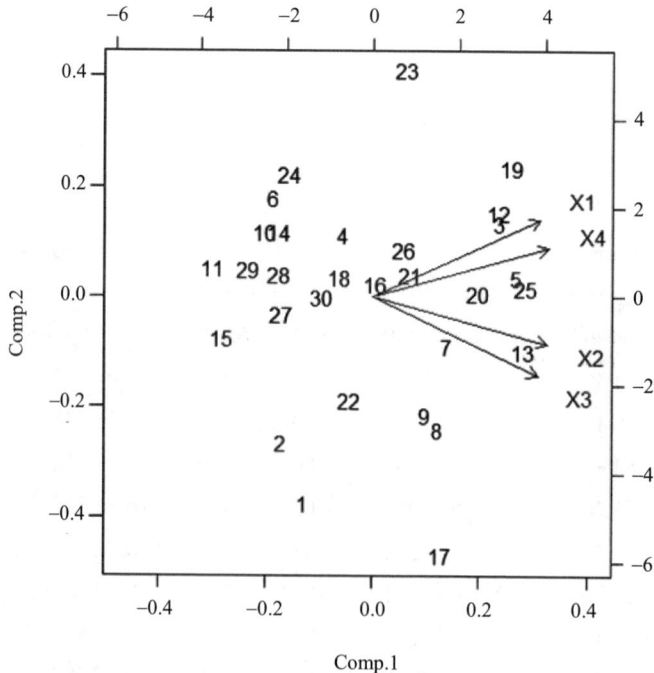

图 13-2 主成分散点图

#作双标图
> princomp.rank(soil.pr, m=2, plot=T)
> text(soil.pr$scores[, 1:2], labels=row.names(soil), cex=0.7, pos=4)

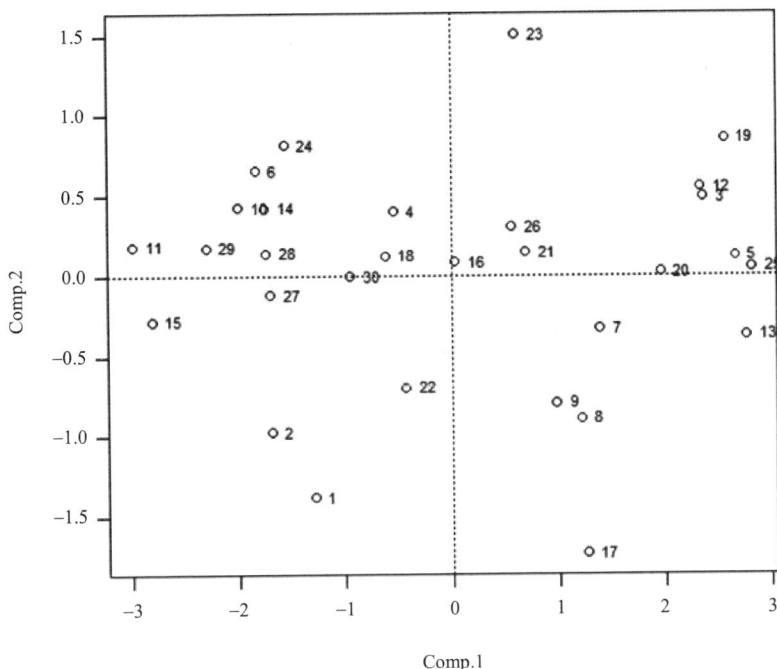

图 13-3　主成分 1 和主成分 2 的双标图

（3）程序解释及结果说明

> summary(soil.pr, loadings=TRUE)

> loadings(soil.pr)

此时显示每个主成分的标准差（Standard deviation）、主成分贡献比例方差（Proportion of Variance）以及累积贡献方差比例（Cumulative Proportion）。从中可以看出第一主成分（Comp.1）的贡献率为 0.8201748，第二主成分（Comp.2）的贡献率为 0.1123040，两个主成分的累积贡献率达 0.9324787，即两个主成分可代表所有 4 个变量 93.25%的变异贡献。而主成分 Comp.3 和 Comp.4 的方差贡献率分别为 0.04525838 和 0.02226289，均小于 10%，可以舍弃，这样就达到了变量降维的目的。

由载荷矩阵可得到五个主成分的表达式：

Z1* = 0.489X1*+0.512X2*+0.484X3*+0.515X4*

Z2* = 0.593X1*-0.362X2*-0.614 X3*+0.374X4*

第一主成分的符号都是正值，数值都在 0.5 左右波动，这反映了土壤当中土壤碳含量（X1*）、土壤全氮含量（X2*）、土壤有效磷含量（X3*）和土壤速效钾含量（X4*）的丰缺程度；第二主成分贡献率为 11.23%，决定 Z2 大小的是土壤碳含量（X1*）和土壤有效磷含量（X3*）。第一主成分为一个综合指标，与每个变量均有关，第二个主成分主要指向土壤碳含量和土壤有效磷含量。

#作碎石图

> screeplot(soil.pr, type="lines")

对于 screeplot(soil.pr, type = "lines")，横坐标通常表示主成分（Principal Components）的序号。例如，第一个主成分对应的横坐标为 1，第二个主成分对应的横坐标为 2，以此类推。它用于展示不同主成分在顺序上的排列。纵坐标表示主成分对应的特征值（Eigenvalue）或者方差解释比例（Proportion of Variance Explained）。特征值越大，说明该主成分能够解释的数据方差越大，也就越重要。在实际应用中，通过观察这个图的形状，可以帮助决定保留几个主成分。当曲线的斜率开始趋于平缓时，通常可以认为在这个之后的主成分对方差的解释贡献相对较小，可以考虑舍弃这些主成分，以达到降维和简化模型的目的。

#预测

> predict(soil.pr)

得到解析式以后可以结合土壤各个指标的数据进行详细的解读，将原始数据当中 30 个地级市的土壤四个指标计算四个主成分值。如城市序号为 1 的四个主成分值分别为 -1.29062642、-1.376802912、-1.33966867 和-0.25859567。

#作散点图

> biplot(soil.pr)

散点图能够在同一张图中展示样本点（观测值）在主成分空间中的位置以及原始变量（特征）与主成分之间的关系。横坐标和纵坐标最常见的情况是横坐标为第一主成分（Comp.1），纵坐标为第二主成分（Comp.2）。所有的样本点（观测值）会根据它们在第一主成分和第二主成分上的得分来确定在图中的位置。这些得分表示了样本点在主成分空间中的坐标，反映了样本点在新的主成分维度上的分布情况。

图中的箭头代表原始变量［土壤碳含量（X1）、土壤全氮含量（X2）、土壤有效磷含量（X3）和土壤速效钾含量（X4）］，箭头的方向表示原始变量与主成分之间的相关性方向。例如，如果一个箭头指向右上方（X1 和 X4），说明这个原始变量与第一主成分（Comp.1，横坐标方向）和第二主成分（Comp.2，纵坐标方向）都呈正相关；如果箭头指向左下方（X2 和 X3），则表示与两个主成分都呈负相关。箭头的长度表示原始变量在主成分空间中的相对重要性或贡献程度。较长的箭头意味着该原始变量在主成分的构成中起到更重要的作用，即对这两个主成分（Comp.1 和 Comp.2）的方差解释有更大的贡献；而较短的箭头表示相对较小的贡献。

#作双标图

> princomp.rank(soil.pr, m=2, plot=T)

> text(soil.pr$scores[, 1:2], labels=row.names(soil), cex=0.7, pos=4)

从 soil.pr 这个主成分分析结果对象中提取与前两个主成分相关的信息，即前两个主成分的得分，并计算 PC 值进行排序。在这个函数中，PC 值是通过将提取的前 2 个主成分得分矩阵与相应的权重矩阵进行矩阵乘法运算，然后再进行归一化操作计算得到的一个综合主成分指标，它综合考虑了前两个主成分及其相对权重对每个观测样本的影响。如样本 1 的 PC 值为-1.3010052，排序后的序号为 10。

以散点图的形式展示样本在第一主成分（Comp.1）和第二主成分（Comp.2）构成的二维空间中的分布，每个点代表一个样本，点的位置由其在这两个主成分上的得分确定。在图上标注出每个样本的排名信息，以便更直观地看出排名与样本在主成分空间中位置的关系。添加水平和垂直的参考线，将图分为四个象限，如处于第一象限的样本点 25、19、3、12、5、23 等的四个土壤指标均较高，土壤条件较好，处于第三象限的样本点 1、2、15、22 和 27 的四个土壤指标均较低，土壤土壤碳含量（X1）和土壤有效磷含量（X3）指标也偏低。

13.1.3　练习题

为了研究某县 10 个村的土壤养分丰缺情况，用主成分分析法对该地区 10 个村 2020 年土壤理化性质作分析评价，根据因子得分和综合得分对各村的土壤理化性质进行综合分析。

表 13-2　10 个村 2020 年土壤理化性质结果

地名	有机质（x1）	全氮（x2）	全磷（x3）	全钾（x4）	有效磷（x5）	通气性（x6）	容重（x7）	碱解氮（x8）
华龙村	1367.64	442.48	391.08	401.18	423.13	732.29	1.05	323.82
幸福村	1385.78	266.87	402.5	240.8	260.66	435.6	1.10	195.46
和谐镇	931.75	255.81	209.2	244.16	165.74	259.21	1.16	94.57
绿野村	573.13	306.55	127.1	152.06	139.7	244.36	1.14	121.15
安宁村	707.23	304.53	118.86	110.58	181.49	249.57	1.14	134.58
美丽乡	1100.48	254.38	154.61	209.57	153.71	318.22	1.08	114.33
心愿村	967.55	295.11	137.37	147.77	190.07	237.48	1.11	108.13
和平镇	801.06	237.33	148.09	210.02	152.28	256.44	1.09	93.02
乐园村	1631.19	308.08	298.06	302.72	375.13	748.96	1.09	305.03
祥和庄	1102.46	280.77	245.73	128.7	216.2	312.26	1.10	147.86

13.2　因子分析

相较于主成分分析，因子分析通过对因子的旋转处理，使得我们可以更直观地认识到数据内部之间的关系，其目的即用有限个不可观测的因变量来解释原始变量间的相关关系，即用几个少数的综合因子来取代错综复杂关系的变量。

13.2.1　因子分析函数

factanal( ) 语句格式：

factanal(x, factors, scores="none", rotation="varimax")

主要参数的含义如下：

x：要进行因子分析的数据对象，通常为矩阵或者数据框。

factors：因子个数。

scores：因子得分的计算方法，可选择 "regression" 或 "Bartlett" 等。

rotation：因子旋转方法，常用方差最大旋转 varimax。

注意：极大似然法要求数据来自多元正态分布，这一点一般是很难满足的。而主成分法没有正态总体的要求。

13.2.2 例题

对不同村子土壤采集样品测定部分理化性质结果见表 13-3，对给定的数据进行土壤理化情况在不同村子（地区）做因子分析。

表 13-3　14 个村 2020 年土壤理化性质结果

村名	有效磷 (x1)	速效钾 (x2)	有机质 (x3)	碱解氮 (x4)	全氮 (x5)	容重 (x6)
华龙村	255.81	209.2	244.16	165.74	259.21	1.16
幸福村	306.55	127.1	152.06	139.7	244.36	1.14
和谐镇	304.53	118.86	110.58	181.49	249.57	1.14
绿野村	254.38	154.61	209.57	153.71	318.22	1.08
安宁村	295.11	137.37	147.77	190.07	237.48	1.11
美丽乡	237.33	148.09	210.02	152.28	256.44	1.09
心愿村	308.08	298.06	302.72	375.13	748.96	1.09
和平镇	280.77	245.73	128.7	216.2	312.26	1.1
乐园村	347.34	434.58	263.44	316.38	464.12	1.15
祥和庄	230.75	157.76	120.49	159.16	273.34	1.07
花海村	265.42	227.62	136.22	291.89	285	1.16
渔歌镇	175.72	131.32	88.78	185.1	281.3	1.11
忆江南	316.32	268.02	184.4	178.66	329.63	1.1
静谧村	213.59	148.26	176.71	170.5	242.05	1.13

（1）R 语言程序

```
#读入数据
setwd("d:/data")
X = read.table("13.2.txt", header=T, row.names = 1,fileEncoding = "UTF-8")
#计算相关系数矩阵
cor(X)
#使用极大似然法进行因子分析
FA0 = factanal(X, 3, rotation="none")
FA0
FA0 = factanal(X, 3, rotation="varimax") #进行方差最大旋转
FA0
#主成分法进行因子分析
library(mvstats)
FA1 = factpc(X, 3)
FA1
factanal.rank(FA1, plot=T)
```

（2）运行结果

> cor(X)

因子分析

	x1	x2	x3	x4	x5	x6
x1	1.0000	0.5930	0.41235	0.4376	0.4086	0.24534
x2	0.5930	1.0000	0.62076	0.7510	0.6574	0.18851
x3	0.4124	0.6208	1.00000	0.4972	0.6961	0.02305
x4	0.4376	0.7510	0.49721	1.0000	0.8354	0.16684
x5	0.4086	0.6574	0.69606	0.8354	1.0000	-0.19778
x6	0.2453	0.1885	0.02305	0.1668	-0.1978	1.00000

#使用极大似然法进行因子分析
```
> FA0 = factanal(X, 3, rotation="none")
> FA0
```

Call:
factanal(x = X, factors = 3, rotation = "none")

Uniquenesses:

x1	x2	x3	x4	x5	x6
0.622	0.271	0.210	0.005	0.005	0.407

Loadings:

	Factor1	Factor2	Factor3
x1	0.446	0.419	
x2	0.739	0.394	0.164
x3	0.628	0.524	-0.348
x4	0.956		0.284
x5	0.957		-0.281
x6		0.424	0.643

	Factor1	Factor2	Factor3
SS loadings	2.970	0.785	0.725
Proportion Var	0.495	0.131	0.121
Cumulative Var	0.495	0.626	0.747

The degrees of freedom for the model is 0 and the fit was 0.1857
```
> FA0 = factanal(X, 3, rotation="varimax") #进行方差最大旋转
> FA0
```

Call:
factanal(x = X, factors = 3, rotation = "varimax")

Uniquenesses:

x1	x2	x3	x4	x5	x6
0.622	0.271	0.210	0.005	0.005	0.407

Loadings:

	Factor1	Factor2	Factor3
x1	0.270	0.503	0.229
x2	0.572	0.569	0.279
x3	0.276	0.841	
x4	0.939	0.299	0.156
x5	0.771	0.543	-0.326
x6			0.768

	Factor1	Factor2	Factor3
SS loadings	1.953	1.670	0.857
Proportion Var	0.326	0.278	0.143
Cumulative Var	0.326	0.604	0.747

The degrees of freedom for the model is 0 and the fit was 0.1857

#主成分法进行因子分析

```
> library(mvstats)
> FA1 = factpc(X,3)
> FA1
$Vars
```

	Vars	Vars.Prop	Vars.Cum
Factor1	3.4069	0.56782	56.78
Factor2	1.1968	0.19946	76.73
Factor3	0.5905	0.09842	86.57

$loadings

	Factor1	Factor2	Factor3
x1	0.6744	0.36027	-0.5907
x2	0.8902	0.12295	0.0125
x3	0.7804	-0.16101	-0.1165
x4	0.8749	-0.01013	0.3748
x5	0.8759	-0.39229	0.1308
x6	0.1346	0.93378	0.2652

$scores

	Factor1	Factor2	Factor3
华龙村	0.0041599	1.05481	0.3087
幸福村	-0.5075195	1.00605	-1.0706
和谐镇	-0.5312275	1.05509	-0.5158
绿野村	-0.3270999	-1.16274	-0.7725
安宁村	-0.4118328	0.18399	-0.8171
美丽乡	-0.5260752	-0.87317	-0.3716
心愿村	2.2943363	-1.65164	0.6418
和平镇	-0.0005519	-0.18528	-0.2160
乐园村	2.0492691	1.09761	-0.1397
祥和庄	-0.8230214	-1.27325	-0.1552
花海村	0.2095986	1.29359	1.6171
渔歌镇	-1.0903669	-0.57562	1.9681
忆江南	0.3177524	-0.08592	-1.4604
静谧村	-0.6574213	0.11649	0.9831

$Rank

	F	Ri
华龙村	0.28086	4
幸福村	-0.22280	8
和谐镇	-0.16397	7
绿野村	-0.57027	11
安宁村	-0.32063	10
美丽乡	-0.58849	12
心愿村	1.19729	2
和平镇	-0.06761	6
乐园村	1.58114	1
祥和庄	-0.85083	14
花海村	0.61937	3
渔歌镇	-0.62405	13
忆江南	0.02259	5
静谧村	-0.29260	9

$common

x1	x2	x3	x4	x5	x6
0.9336	0.8077	0.6485	0.9060	0.9382	0.9604

```
> factanal.rank(FA1,plot=T)
```

$Fs

	Factor1	Factor2	Factor3
华龙村	0.0041599	1.05481	0.3087
幸福村	-0.5075195	1.00605	-1.0706
和谐镇	-0.5312275	1.05509	-0.5158
绿野村	-0.3270999	-1.16274	-0.7725
安宁村	-0.4118328	0.18399	-0.8171
美丽乡	-0.5260752	-0.87317	-0.3716
心愿村	2.2943363	-1.65164	0.6418
和平镇	-0.0005519	-0.18528	-0.2160
乐园村	2.0492691	1.09761	-0.1397
祥和庄	-0.8230214	-1.27325	-0.1552
花海村	0.2095986	1.29359	1.6171
渔歌镇	-1.0903669	-0.57562	1.9681
忆江南	0.3177524	-0.08592	-1.4604
静谧村	-0.6574213	0.11649	0.9831

$Ri

	F	rank
华龙村	0.28086	4
幸福村	-0.22280	8
和谐镇	-0.16397	7
绿野村	-0.57027	11
安宁村	-0.32063	10
美丽乡	-0.58849	12
心愿村	1.19729	2
和平镇	-0.06761	6
乐园村	1.58114	1
祥和庄	-0.85083	14
花海村	0.61937	3
渔歌镇	-0.62405	13
忆江南	0.02259	5
静谧村	-0.29260	9

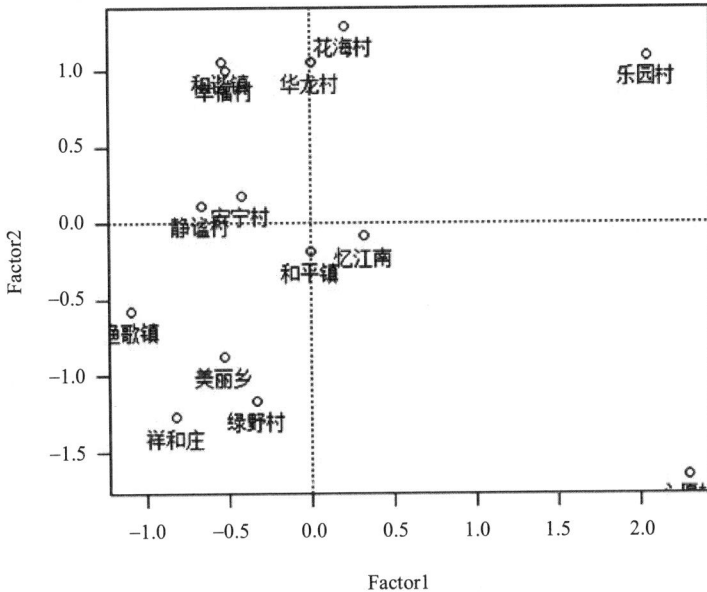

图 13-4　因子 1 和因子 2 的散点图

（3）程序解释及结果说明

#计算相关系数矩阵

> cor(X)

先计算数据 X 的相关系数矩阵。如有效磷 x1 和速效钾 x2 的相关系数为 0.5930，有效磷 x1 和有机质 x3 的相关系数为 0.41235。

	x1	x2	x3	x4	x5	x6
x1	1.0000	0.5930	0.41235	0.4376	0.4086	0.24534
x2	0.5930	1.0000	0.62076	0.7510	0.6574	0.18851
x3	0.4124	0.6208	1.00000	0.4972	0.6961	0.02305
x4	0.4376	0.7510	0.49721	1.0000	0.8354	0.16684
x5	0.4086	0.6574	0.69606	0.8354	1.0000	-0.19778
x6	0.2453	0.1885	0.02305	0.1668	-0.1978	1.00000

#使用极大似然法进行因子分析

> #使用极大似然法进行因子分析

> FA0 = factanal(X, 3, rotation="none")　　#X 为数据，3 为选择的因子个数，rotation="none"为不进行旋转

> FA0

Uniquenesses 下的数值表示每个变量（这里是 x1～x6）不能被公共因子解释的部分。例如，x1 的唯一性为 0.622，这意味着 x1 的方差中有 62.2%是由特殊因子（不能被公共因子解释的部分）所引起的，而剩下的部分可以由公共因子来解释。

载荷（Loadings）表示变量与因子之间的相关性。例如，对于变量 x2，它在 Factor1、Factor2 和 Factor3 上的载荷分别为 0.739、0.394 和 0.164。这表明 x2 与 Factor1 的相关性最强，对

Factor1 的贡献较大。可以得出因子得分与原变量的关系式分别为

$$\hat{f}_1 = 0.466x_1^* + 0.739x_2^* + 0.628x_3^* + 0.956x_4^* + 0.957x_5^*$$

$$\hat{f}_2 = 0.419x_1^* + 0.394x_2^* + 0.524x_3^*$$

$$\hat{f}_3 = 0.164x_2^* - 0.348x_3^* + 0.284x_4^* - 0.281x_5^* + 0.643x_6^*$$

SS loadings（平方和载荷）：对于每个因子，这一数值是该因子所有载荷平方的总和。例如，Factor1 的 SS loadings 为 2.970，它反映了该因子对变量方差的解释能力。Proportion Var（方差比例）：每个因子的 SS loadings 除以变量的数量得到该因子解释的方差比例。例如，Factor1 解释的方差比例为 0.495，即它解释了所有变量方差的 49.5%。Cumulative Var（累积方差）：这是依次累积各个因子解释方差比例的结果。例如，前两个因子 Factor1 和 Factor2 累积解释了 0.626（即 62.6%）的方差。

The degrees of freedom for the model is 0 and the fit was 0.1857：表明拟合优度为 0.1857，拟合优度衡量了模型对数据的拟合程度，这个值相对较低，表示模型对数据的拟合不是很理想。

> FA0=factanal(X,3,rotation="varimax")#X 为数据，3 为选择的成分个数， "varimax" 为按方差最大法旋转。

> FA0

按方差最大法进行旋转，可以得出旋转后的因子得分与原变量的关系式分别为

$$\hat{f}_1 = 0.270x_1^* + 0.572x_2^* + 0.276x_3^* + 0.939x_4^* + 0.771x_5^*$$

$$\hat{f}_2 = 0.503x_1^* + 0.569x_2^* + 0.841x_3^* + 0.299x_4^* + 0.543x_5^*$$

$$\hat{f}_3 = 0.229x_1^* + 0.279x_2^* + 0.156x_4^* - 0.326x_5^* + 0.768x_6^*$$

SS loadings（平方和载荷）：对于每个因子，这一数值是该因子所有载荷平方的总和。例如，Factor1 的 SS loadings 为 1.953，它反映了该因子对变量方差的解释能力。Proportion Var（方差比例）：每个因子的 SS loadings 除以变量的数量得到该因子解释的方差比例。例如，Factor1 解释的方差比例为 0.326，即它解释了所有变量方差的 32.6%。Cumulative Var（累积方差）：这是依次累积各个因子解释方差比例的结果。例如，前两个因子 Factor1 和 Factor2 累积解释了 0.604（即 60.4%）的方差。

The degrees of freedom for the model is 0 and the fit was 0.1857：表明拟合优度为 0.1857，拟合优度衡量了模型对数据的拟合程度，这个值相对较低，表示模型对数据的拟合不是很理想。

#主成分法进行因子分析

> library(mvstats)

> FA1 = factpc(X, 3)

> FA1

Vars 为特征值。Factor1、Factor2 和 Factor3 的特征值分别为 3.4069、1.1968 和 0.5905。特征值衡量了每个因子所包含的信息量，特征值越大，说明该因子能够解释的方差越大，也就越重要。在这里，Factor1 的特征值最大，所以它在解释数据方差方面相对更重要。vars.Prop 表示每个因子所解释的方差占总方差的比例。例如，Factor1 解释了总方差的

56.782%，Factor2 解释了 19.946%，Factor3 解释了即 9.842%。vars.Cum 是依次累积各个因子解释的方差比例，前三个因子累积解释了总方差的 86.57%，这有助于判断提取的因子是否能充分地解释数据的方差。

loadings 展示了变量与因子之间的载荷（相关性）。例如，变量 x1 在 Factor1、Factor2 和 Factor3 上的载荷分别为 0.6744、0.36027 和 -0.5907。载荷的绝对值大小表示变量与因子之间相关性的强弱。以 x2 为例，它在 Factor1 上的载荷为 0.8902，说明 x2 与 Factor1 有较强的正相关，在 Factor2 和 Factor3 上的载荷分别为 0.12295 和 0.0125，相关性较弱。通过观察载荷，可以了解每个因子主要由哪些变量构成，以及变量在不同因子中的重要性。

scores 给出了每个观测单位（这里是各个村庄或城镇）在每个因子上的得分。例如，"华龙村"在 Factor1 上的得分为 0.0041599，在 Factor2 上的得分为 1.05481，在 Factor3 上的得分为 0.3087。这些得分可以用于比较不同观测单位在各个因子上的表现。例如，在 Factor1 上，"心愿村"的得分最高（2.2943363），这表明"心愿村"在与 Factor1 相关的特征组合上表现突出。

Rank 是基于综合主成分得分的排名。先计算权重 W，再计算主成分得分 PCs，计算综合得分 F，通过 W = W/sum 对 W 进行归一化，使得 W 的元素之和为 1。然后 PC = PCs %*% W 计算综合得分，即将主成分得分 PCs 与归一化后的权重 W 进行矩阵乘法。这个综合得分 PC 是每个观测在考虑了所有因子及其权重后的一个综合度量，用于后续的排名和综合分析，这个排名结果最终存储在 fit\$Rank 中。例如，"乐园村"的 F 值为 1.58114，排名为 1，这是基于各个因子得分的综合考虑得到的结果。排名可以快速了解各个观测单位在整体中的相对位置。

common 展示了每个变量的共同度。共同度衡量了每个变量的方差能够被公共因子解释的程度。例如，变量 x1 的共同度为 0.9336，这意味着 x1 的方差中有 93.36% 可以由提取的公共因子来解释，剩下的部分（1-0.9336 = 0.0664）是由特殊因子，即不能被公共因子解释的部分引起的。

提取多个地点的两个因子 Factor1 和 Factor2 的得分，绘制散点图。横坐标为 Factor1，纵坐标为 Factor2，可直观地了解各个不同的地点在两个主要因子上的得分情况。从图 13-4 中可以看出，乐园村的 Factor1 和 Factor2 的因子得分均比较高，即土壤的有效磷、速效钾、有机质、碱解氮、全氮和容重指标均比较好。

13.2.3　练习题

为了研究某市 20 个村的土壤养分丰缺情况，用主成分分析法对该地区 20 个村 2020 年土壤理化性质作分析评价，根据因子得分和综合得分对各村的土壤理化性质进行综合分析。

表 13-4　14 个村 2020 年土壤理化性质结果

村名	有效磷 （x1）	速效钾 （x2）	有机质 （x3）	碱解氮 （x4）	全氮 （x5）	容重 （x6）
华龙村	298.47	244.65	278.62	200.27	293.36	1.15
幸福村	342.94	162.72	190.36	183.54	283.76	1.13
和谐镇	344.58	156.73	146.43	222.69	285.26	1.15

村名	有效磷 (x1)	速效钾 (x2)	有机质 (x3)	碱解氮 (x4)	全氮 (x5)	容重 (x6)
绿野村	298.53	196.48	245.97	191.48	351.53	1.06
安宁村	334.34	174.75	178.45	221.25	280.13	1.12
美丽乡	274.99	187.85	246.63	183.76	292.25	1.07
心愿村	346.44	328.71	339.6	411.66	787.58	1.08
和平镇	313.22	286.33	168.12	250.47	343.11	1.12
乐园村	385.52	466.11	298.63	349.44	499.27	1.14
祥和庄	274.14	191.18	156.2	200.3	305.97	1.05
花海村	298.88	272.54	176.4	335.53	320.76	1.13
渔歌镇	220.67	174.93	133.36	228.04	313.32	1.12
忆江南	358.02	298.77	222.53	215.76	373.26	1.13
静谧村	254.45	190.31	219.21	212.58	279.58	1.14

参考文献

[1] 盖钧镒. 试验统计方法[M]. 北京：中国农业出版社，2000.

[2] 高惠璇. 应用多元统计分析[M]. 北京：北京大学出版社，2005.

[3] 刘强，等. R 语言与现代统计方法[M]. 北京：清华大学出版社，2016.

[4] 刘永建，明道绪. 田间试验与统计分析[M]. 4 版. 北京：科学出版社，2020.

[5] 明道绪. 高级生物统计[M]. 北京：中国农业出版社，2006.

[6] 明道绪. 生物统计附试验设计[M]. 3 版. 北京：中国农业出版社，2002.

[7] 明道绪. 田间试验与统计分析[M]. 北京：科学出版社，2005.

[8] 宁海龙. 田间试验数据的计算机分析[M]. 北京：科学出版社，2012.

[9] 覃义，南江霞. R 语言与应用统计分析实验指导[M]. 北京：中国统计出版社，2017.

[10] 汤银才. R 语言与统计分析[M]. 北京：高等教育出版社，2008.

[11] 王斌会. 多元统计分析及 R 语言建模[M]. 广州：暨南大学出版社，2014.

[12] 徐辰武，章元明. 生物统计与试验设计[M]. 北京：高等教育出版社，2019.

[13] 薛毅，陈立萍. 统计建模与 R 软件[M]. 北京：清华大学出版社，2007.

[14] 余家林，肖枝洪. 多元统计及 SAS 应用[M]. 武汉：武汉大学出版社，2007.

[15] GABRIEL K. R. The biplot graphic display of matrices with application to principal component analysis[J]. Biometrika，1971，58（3）：453-467.

[16] Kabacoff R I. R 语言实战[M]. 高涛，肖楠，陈钢，译. 北京：人民邮电出版社，2013.